歡迎
進入Grace
西點紅茶時間

出版菊

歡迎光臨！葛雷絲Grace。

「真好吃！」就這麼一句話，成為我製作點心的最大精神鼓舞

welcome to Grace

1984年4月，「葛雷絲」在東京中央線西荻窪站附近的住宅區開張了！

也不知道是否會有顧客上門，味道是否能夠令人滿意，我帶著些許的不安，憑著外行人的一鼓傻勁，開始了「葛雷絲」的經營。

支持我維持這家店的原動力，來自於顧客「真好吃！」這麼一句讚美和與人相遇相識所帶給我的喜悅。我原本就喜歡與人接觸，卻又不善與人相處，更拙於表面化的客套、俸承。其實，只要能夠帶給人快樂，我就會覺得很幸福。

提供人們一個可以暫時脫離現實，藉由享受茶與咖啡來喘口氣的空間，是我對「葛雷絲」的一個期許。我盡心地營造一個愉悅的點心享用場所，除此外別無他意。因此，就算在店裡見到再眼熟的客人，我也會儘量克制，不私下交談。即便如此，我還是可以從來客的一舉一動中窺探出他的人生。這或許也可以說是開店所帶給我的樂趣之一吧？

「葛雷絲」的男性老主顧當中，有一位令我印象特別深刻。

記得開張後不久的一個禮拜六下午，一位手抱著中提琴的年輕男性走進了「葛雷絲」。他在窗邊坐了下來，享用了卡士達蛋糕和紅茶，休息了一會兒就離開了。

此後，他就常常和一位年輕女性一起出現在「葛雷絲」。時光荏苒，隔了數月未再造訪的女性，再見到時，已是身懷六甲。又過了數月，夫婦兩人就抱著包裹著粉紅色小棉被的嬰兒出現了。

然而，當小女孩已大到可以獨自坐在爸爸身旁吃蛋糕時，太太的臂彎裡又多了一個小嬰兒。前年春天，他們一家大小穿著看似幼稚園入學典禮的服裝來到「葛雷絲」，看著他們的身影，令我心裡暖洋洋的。

雖然這只是其中一個小小的例子，但一想到「葛雷絲」正伴隨著來客們的人生一同邁向未來，我也覺得與有榮焉。

contents

如何做出好吃的點心？讓我來與大家分享積累多年經驗所學得的祕訣吧！

我在「葛雷絲」所作的點心因為是要讓客人品嚐的，
所以，絕對不允許失敗。如果只是要在家裡做做的話，
倒不妨放鬆心情，把失敗也當成是一種樂趣地嘗試看看！
為了儘可能使大家的失敗率降到最低，在此，僅將目前所有想得到的，
為大家介紹長久以來獲得的一些製作上訣竅。

1. 製作點心的一大技巧、準備齊全了再開始

點心從開始製作，到注入模型、放進烤箱、冰箱為止等等的一連串作業若是無法一氣呵成，就會大大地影響到結果。

因此，為了使作業能夠順利進展，在開始之前就要做好充分地準備！

所需的材料、器具、模型、度量器具、烤箱的溫度設定等等，您全都準備好了嗎？

2. 做出口感濕潤鬆軟的海棉、戚風蛋糕

海棉蛋糕、戚風蛋糕最重要的就是要既濕潤又鬆軟。若是想做出這樣的蛋糕，就得注意以下兩點：

1「將蛋打發到泡沫細緻」

儘量挑選鮮雞蛋，冷藏保存。若要使用全蛋，請選擇與體溫相近的。若是只使用蛋白，就要將蛋白冷藏過後再用。而且，蛋白打發時建議您將繫帶（連接蛋黃像白繩的部分）留下一起打，效果會更好。或許是因為繫帶屬於濃厚蛋白這個部分吧？根據我的經驗和蛋白一起打會更容易起泡，若是分蛋使用，請和蛋白一起打發。

若是要先將全蛋加溫過後再打發，一般會先隔水加熱，並不難。但是，我一向都是直接用微火加溫。其實，只要用手拿式攪拌器不斷地攪拌，就算直接用火加溫，也不成問題。

2「降低攪拌次數、並徹底拌勻」

想要拌出質地均勻的麵糊，秘訣就在切勿破壞打蛋時好不容易才產生的氣泡。因此，請用左手邊轉動可容納比混合材料量更大的容器，再用右手持橡皮刮刀，由中心向外用力快速地攪拌。

在加入了麵粉後，更要留意將其他的粉類儘可能打散拌勻。

雖然點心食譜中常常會教人「粉要過篩兩次」，不過，我都只過篩一次。但是，若要加入像泡打粉這類的膨鬆劑或香料時，就得先稍加混合後再過篩。

此外，混合的順序也是很重要的。譬如說先放蛋，再放粉等等，將不同性質的東西一一加進去時，切記不要想一次解決，以免發生不同材料無法相互充分混合的情況。

若砂糖已放入蛋黃裏，請不要停手，以免蛋黃因放置過久不易攪拌。

3. 製作派皮時奶油必須先冷藏

使用奶油的方式有很多種，例如放在室溫下軟化，或隔水加溫融化，因其使用目的而有所不同。但是，在製作派皮時預先冷藏則是不二法門。尤其是在製作折疊派時，奶油若是不夠硬實，就很容易因為烤的時候奶油融解產生縫隙而無法變成一層層的。總之，製作派皮時，低溫和身手敏捷是主要關鍵。

製作塔時亦是如此。所以，製作派和塔時，最好避開炎熱的氣候，選擇能夠讓麵皮薄薄地伸展開來的涼爽季節。

4. 鮮奶油打發後一定要冷藏

鮮奶油純度越高，就越脆弱。所以，一定要記得冷藏。雖然一般打發時都會隔著冰水，無論如何，千萬不要放置在常溫下。尤其是夏季，在帶回家的途中，最好記得使用保冷劑來降溫。因為鮮奶油一旦被溫度升高過，不管再怎麼冷藏，還是會質地鬆散，不適宜用來作最後的裝飾。

在做裝飾時，我個人並不喜歡使用擠花袋。若是用擠花袋，就得花更多的功夫來製作，這樣往往很容易耽誤時間，使鮮奶油變質。純度高的鮮奶油，尤其要注意到擠花時的技巧。除此之外，還要特別注意衛生問題。所以，非必要，我都儘量避免用這種方式。打發至七分似泡沫狀的鮮奶油是最美味的，而我就是想在這樣的狀態下完成最後的裝飾。

5. 烤箱溫度、時間調節的技巧

烤箱的功能不斷地改進，機型也不斷地推陳出新。所以，即使告訴您「設定在180度」，也會因為使用的烤箱不同而產生個別的差異。除此之外，也會因為使用的能源是瓦斯或電，有無風扇而不同。

本書中所提到的烤箱溫度，意指高效能瓦斯烤箱的溫度。請各位依照自己使用烤箱的特性來作適度的調節。

本書的標準

●計量單位如下：

1杯是200cc

1大匙是15cc、1小匙是5cc。

●雞蛋原則上使用M型。

●烤箱的溫度、烘烤的時間因機型而有所不同，請以本書為基準再自行斟酌調節。

●本書中使用的烤模規格為8 x 19 x 7公分。

●拍攝書中的照片時我並沒有戴手套，但是在店裡製作蛋糕時，我都會使用拋棄式橡膠薄手套。

part 1. 蔥雷絲的人氣蛋糕。

這是我用了很久的海棉蛋糕模型。但是，最近我都用底部可拆式的，並不太常用到它。

真好吃！這句話是我十幾年來的精神支柱，支持我每日不間斷地製作這5種蛋糕。

這是一般家庭都會有的單柄鍋。我用它來做醬汁或卡士達醬。

不久前，一位年約30歲的女性走進店裡，一看到蛋糕陳列櫃就歡呼了起來「哇！這裡還有和當時一模一樣的蛋糕呢！」

她在附近大學就讀的時候似乎就是本店的常客。據說今天是和睽違已久的大學友人約在「葛雷絲」碰面。

她告訴我，10年後再度造訪「葛雷絲」，看見了學生時代吃過的蛋糕，非常地感動。

接下來我要為您介紹的，就是我自開店以來從未間斷賣過的5種蛋糕。

對於這點，我也曾經反省過，是否稍做改變比較好呢？這樣下去是否太了無新意了呢？但是，像這樣看到了許久未曾出現的訪客竟然能夠為此高興時，內心頓時受到鼓舞，於是想：「葛雷絲還是維持現狀就好了！」或許，在這瞬息萬變的世界中，能夠有什麼永恆不變的東西也是不錯的！

於是，直到今天，我還是繼續做著同樣的5種蛋糕。

這樣說來，從開店至今的15年頭，我大約每種做了超過一萬個的話，再乘以5至少已經做了五萬個。對於這個數字，連我自己都有點感到驚訝！

然而，即使是已經完成過這麼多的蛋糕，並不代表每天做出來的東西會是一樣的，偶爾也會有「今天的好像有點．．．」這樣的情況發生。這時，如果能夠聽到客人說「今天的蛋糕真好吃！」我就會鬆了一口氣。

我所做的蛋糕完全是純手工製，也就是說有著「家的味道」。

雖然15年來我一直用同樣的方法做，但是，由於氣候不同，或製作當日的天氣、自己的身體狀況、素材的微妙差異等等因素，想必做出來的成品會有些許的不同也是理所當然。

不過只要「葛雷絲」固定推出的這5種蛋糕還受到大家喜愛，今後，我仍會每天不斷地做下去。

這一生，還真不曉得我會做出幾萬個蛋糕？

chocolate cake

巧克力蛋糕

這是從一位義大利廚師那裏得到製作巧克力蛋糕的靈感。20多年前，我曾經在東京六本木朋友經營的咖啡館工作。

同一棟大樓裡有一家義大利餐廳，我就是在那裡發現了這樣的巧克力蛋糕。第一次吃到時，微苦而美味的質地，令我感到非常地震撼。

為什麼能夠做得這麼地濕潤？垂直的條紋又是怎樣做出來的呢？為了解開這些謎題，我常常利用午休時間去那家義大利餐廳。

有一天，正好看到了即將完成的步驟，總算讓我解開了直紋的謎底。令我更驚訝不已的是，他並沒有使用麵粉這樣的材料。

所以，在我決定要開「葛雷絲」，作了各種不同的嘗試之後，一度為了不知該選擇哪一種蛋糕而煩惱不已。當時就想：「選擇這種直紋的蛋糕吧！」，就這樣，從開店後一直做到了現在。

tea 烏巴紅茶

巧克力蛋糕優雅成熟的風味，
秘密或許就隱藏在鮮奶油淡淡的
甜味裡吧。

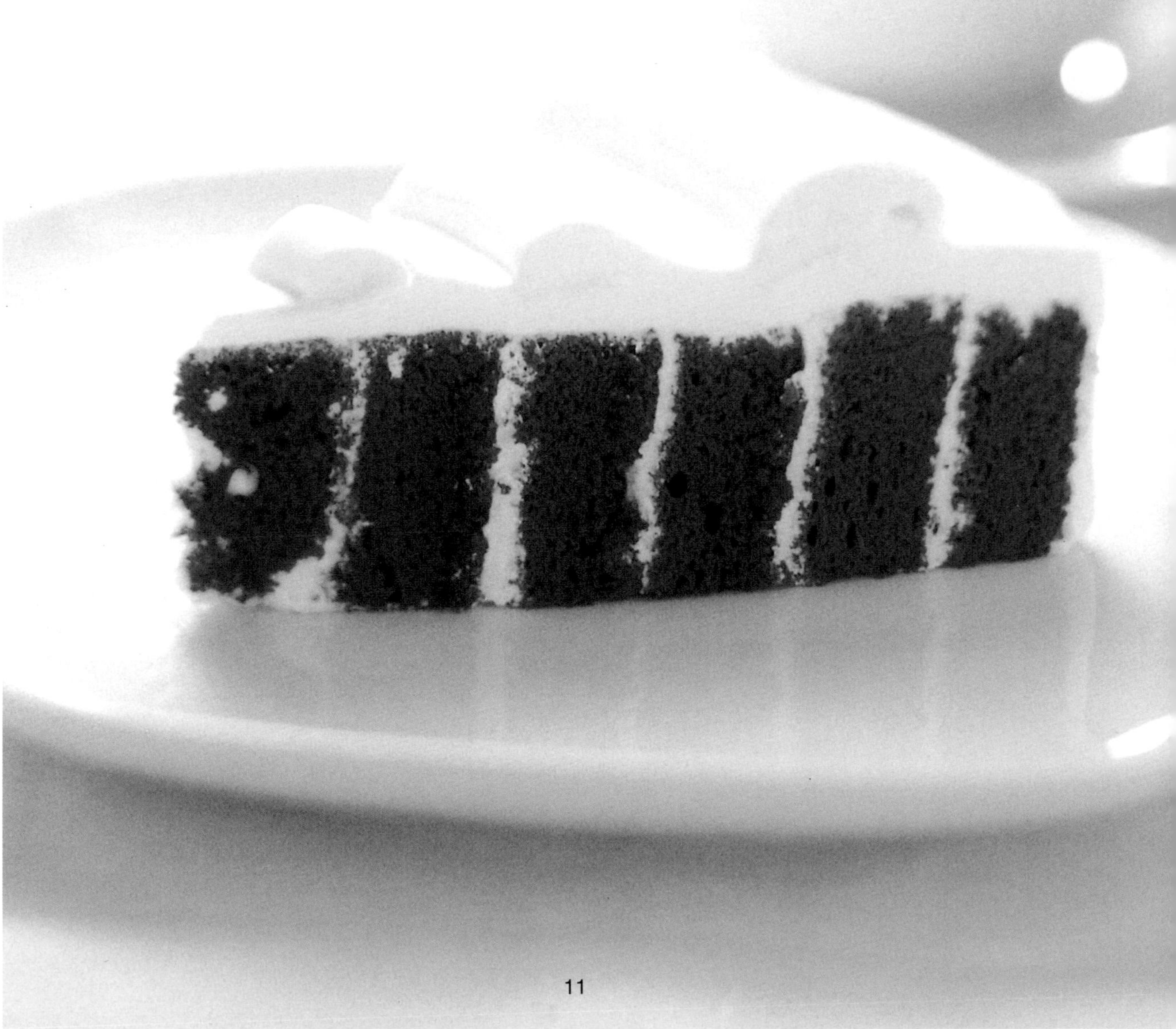

chocolate cake

巧克力蛋糕

材料（約1個直徑21cm蛋糕的份量）

麵糊

（約1個 20.5 x 26.5cm方盤的份量）

- 苦甜巧克力──40g
- 牛奶──2小匙
- 蛋黃──8個
- 細砂糖──70g
- 蛋白──8個
- 可可粉──40g

裝飾

- 鮮奶油──300cc
- 細砂糖──25g

麵糊

1　烤盤紙（或蠟紙）鋪在方盤上備用。再將敲碎的巧克力和牛奶放入小容器中隔水加溫溶解。

2　蛋黃和60g的細砂糖一起打發到蛋黃由濃稠變為滑順為止。

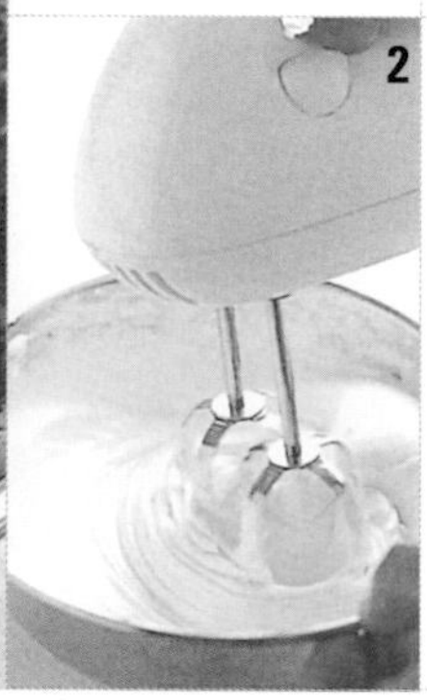

3　將**1**倒入攪拌混合。

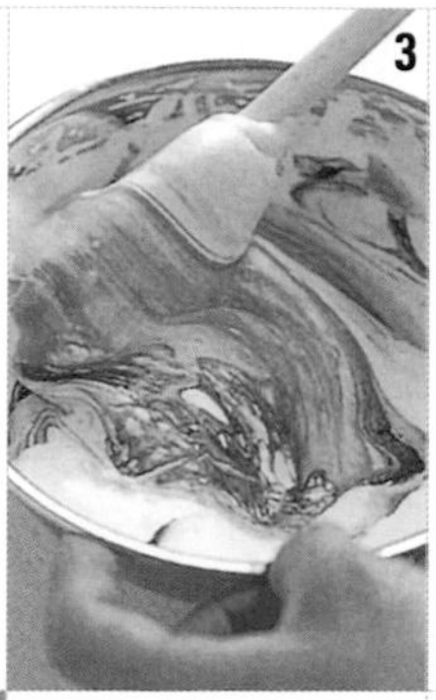

4　打發蛋白，約打到五分時，加入剩餘10g的細砂糖，打到有立角狀。

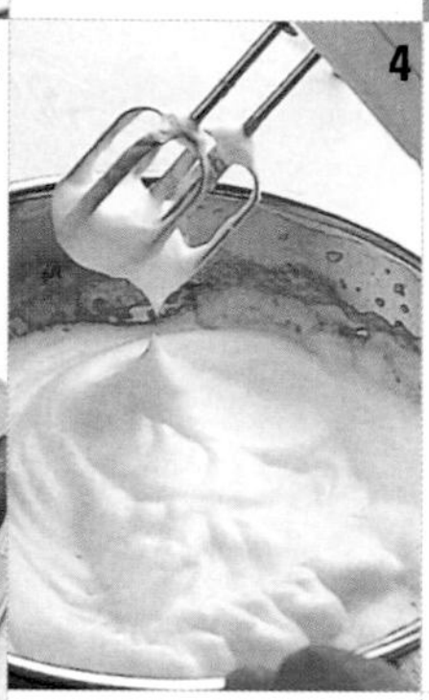

5　可可粉篩入蓋在蛋白上。用攪拌器快速地將可可粉均勻地拌入。

6　將**3**慢慢倒入**5**覆蓋其上。再用橡皮刮刀大力地將麵糊來回拌勻。

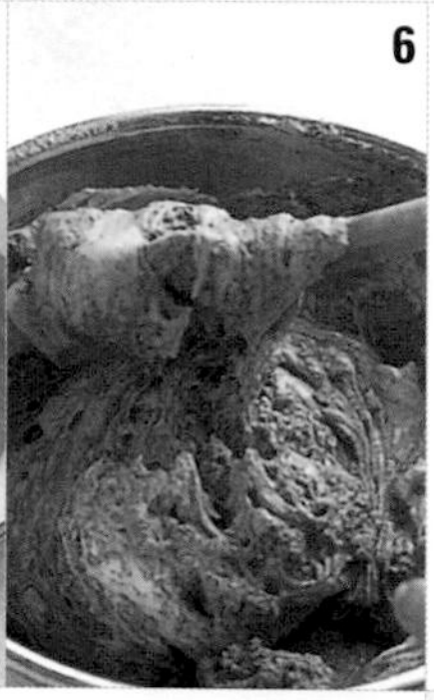

7　麵糊平整地倒入方盤中。

8　方盤放在鐵烤盤中，四周注入熱水。烤箱溫度設定在175度，隔水烘烤約50分鐘。鐵烤盤中的熱水若是減少，請再加一些進去。

9　烤好後放著讓它冷卻。

裝飾

10 鮮奶油和細砂糖放入容器，底部隔著冰水打發至八分，也就是打到將攪拌器拿起時，鮮奶油會從攪拌器縫隙慢慢滑落下去的狀態。

11 接著將烤好的海棉蛋糕從方盤中取出，切掉周邊部分，再切成六等分（寬3.5cm）。

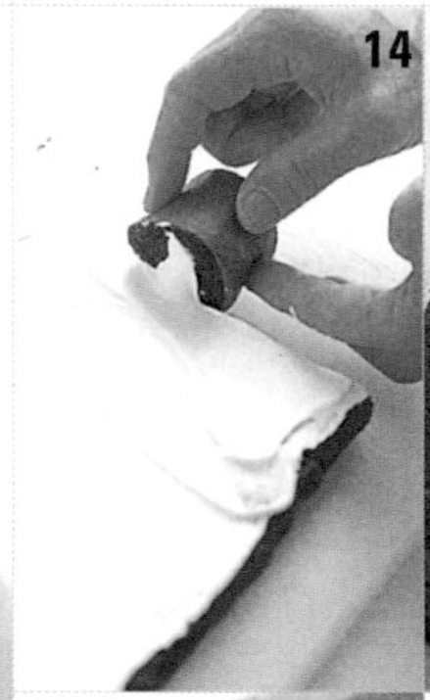

如果能夠捲成均勻的螺旋狀，切過後海棉蛋糕和鮮奶油就可以形成漂亮的層次。

12 切開的海棉蛋糕一片片橫躺，再切成2等分。這樣總共會有12片。

13 將**12**的海棉蛋糕緊緊並排在一起，用抹刀在上面整個薄薄地塗抹上**10**的鮮奶油。

14 先拿一片從邊邊開始捲成小小的螺旋狀，放在轉盤的正中央。

15 再一片接一片地沿著它捲上去。

16 全部都捲完後，再將最尾端的部分斜切，就可以成為漂亮的圓形。

17 將剩下2/3的鮮奶油塗抹在整個蛋糕上。

18 最後將剩餘的鮮奶油全部放在上面的中央，一邊轉動轉盤，一邊用抹刀修飾成堤防狀。這是「葛雷絲」的修飾方式，在家裡不做修飾都無所謂，請自由想像發揮。

tea 烏巴紅茶（uva，錫蘭紅茶的一種）

世界三大上等茶葉之一，清爽的澀味是它最迷人的地方，是一種口感極佳的紅茶。它的香味也特別地濃烈。

正因為它個性獨特，和味道濃郁的巧克力蛋糕一起享用可以說是絕配。

custard cake
卡士達蛋糕

不知歷經多少次的反覆摸索，
才有現在的味道和形式。
今天，它已成了「葛雷絲」的代表作，
深受大家的喜愛。

那時，我甚至從未想過將來會開一家點心店。在一家天主教學校的義賣會中，我買了修女所做的蛋糕卷。回到家，打開玻璃紙一看，蛋糕因為質地鬆軟，中央像是要塌了下去，切口呈橢圓形狀。雖然只是用薄薄的海棉蛋糕包裹著卡士達醬，入口即化的口感，讓我在不知不覺中連吃了三塊。我所做的卡士達蛋糕，就是為了要重溫當時內心所受到的感動。

卡士達能夠適切地發揮出蛋的美味，在製作蛋糕的各種鮮奶油當中，也可以稱得上是別具代表性的一種吧？鬆軟的海棉和彷彿要融化了的卡士達，以及打成七分發的裝飾用鮮奶油，簡單組合所形成的風味，是卡士達蛋糕與衆不同之處。

tea 坎地紅茶（kandy，錫蘭紅茶的一種）

是一種味道雖濃，卻沒有特殊異味的溫和紅茶。我自己每天早上都會喝。它和口感鬆軟風味柔和的卡士達蛋糕，沒有衝突，而是能夠互相輝映的組合。

custard cake

卡士達蛋糕

材料

（約1個直徑21cm底部可拆式圓模份量）

海棉蛋糕的麵糊

- 全蛋──5個
- 細砂糖──120g
- 無鹽奶油──15g
- 牛奶──1大匙略少
- 低筋麵粉──120g

卡士達醬

- 細砂糖──70g
- 玉米粉──30g
- 蛋黃──5個
- 牛奶──480cc
- 鮮奶油──50cc
- 細砂糖──1小匙

裝飾

- 果露
  - 檸檬汁1又1/2大匙
  - 糖漿（參考43頁）──2大匙
  - 櫻桃白蘭地酒──1/2大匙
  - 水──180cc
- 鮮奶油──150cc
- 細砂糖──12g

海棉蛋糕的麵糊

1　全蛋和細砂糖一起打發。容器底部用微火一邊加熱，一邊用手拿式攪拌器不斷地來回摩擦底部，加熱到體溫般溫度。

2　從爐火移開用手拿式電動攪拌器迅速攪拌到濃稠狀，也就是將它打發到舉起後再落下時會慢慢堆積成形為止。

3　在做以上步驟同時，烤箱設定在170度開始預熱。再把奶油和牛奶放入容器，利用烤箱的預熱使其溶化後取出。

4　低筋麵粉篩入**2**並覆蓋整個表面，左手邊轉動容器，再用另一手持橡皮刮刀用力快速攪拌。

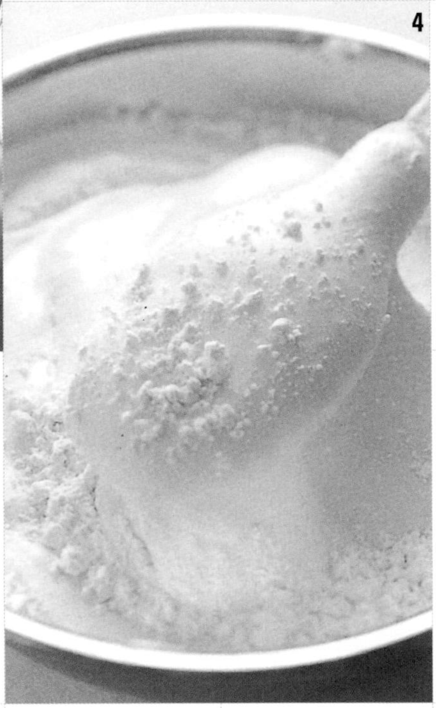

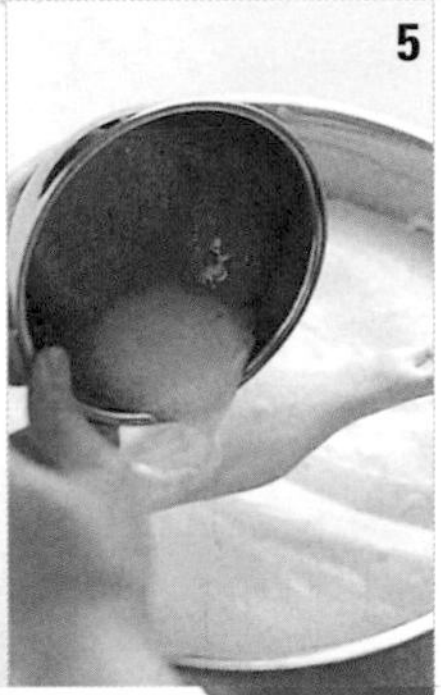

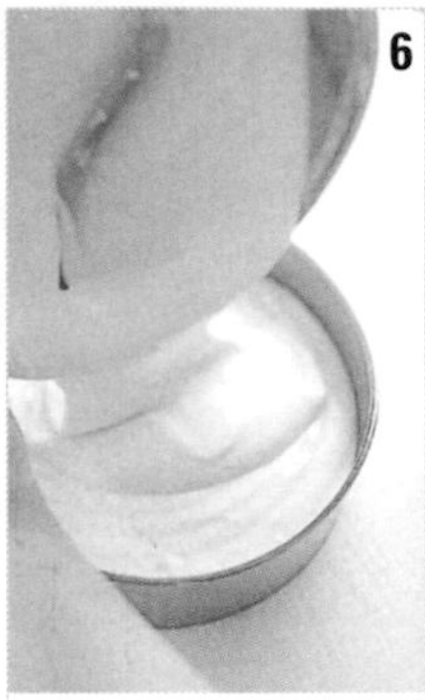

5　將**3**的奶油撒在整個表面，快速地拌勻。

6　倒入底部可拆式模型，用170度烤30分鐘，調降到150度再烤15分鐘。

7　烤好後先放置降溫，待完全冷卻，用抹刀插入隔開底部和邊緣就可以漂亮地取出。

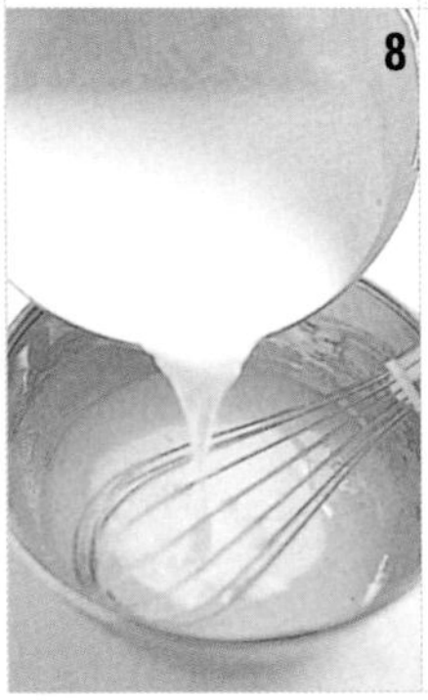

卡士達醬

8　用網狀攪拌器混合70g的細砂糖和玉米粉後，加入蛋黃進一步攪拌。再將加溫至60～70度的牛奶倒入，充分溶解後攪拌混合。

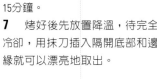

因為添加了鮮奶油、使得卡士達醬更加滑順好吃

14 鍋子從火上移開，擱在鋪上冰塊的容器中，用橡皮刮刀不時地攪動直到冷卻。

15 將加入了細砂糖的鮮奶油打發至七分，再倒入**14**中混合。

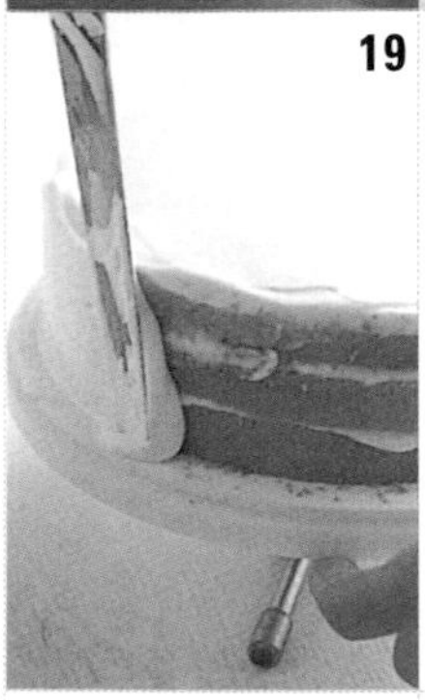

9 用濾茶網篩過濾到鍋裏。

10 鍋子用中火加熱，一邊用木杓不停地刮鍋底和周邊。

11 由底部開始逐漸地凝固直到整個變濃稠時，在沸騰前先暫時從火上移開。

12 用網狀攪拌器迅速地混合，使其變得平滑。

13 再用木杓一邊攪拌，一邊徹底地加熱。

17 卡士達醬分成3等分，塗抹在海棉蛋糕各夾層和疊起後最上一面，並用抹刀均勻地抹平。

18 鮮奶油和細砂糖放入容器中，底部用冰水冷卻，打發至七分。

19 將**18**鮮奶油整齊塗抹在**17**側面。放在轉盤上邊用左手轉動，邊在上面邊緣加上約2公分的鮮奶油。

20 鮮奶油由外往裡斜切，用這樣的方式來做出裝飾。

裝飾

16 切掉海棉蛋糕底部和表面薄薄的一層，橫切成三薄片。混合果露材料，用毛刷抹在所有薄片的雙面。除了疊起後最下面那面塗少一點，其餘各面請塗厚一點。

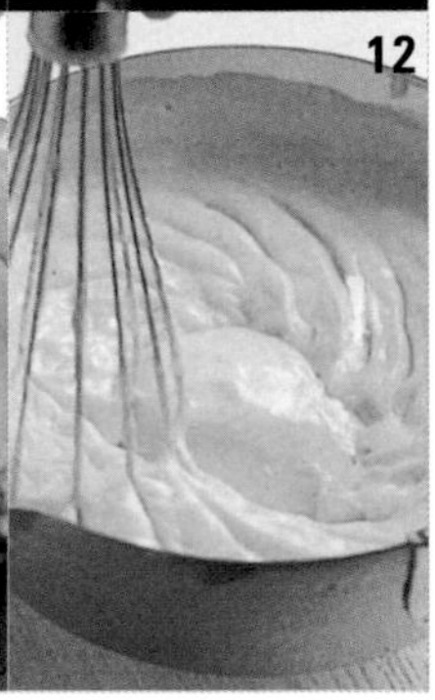

慕斯裡添加白桃，
形成了另一股風味。
希望我所做的白桃慕斯
能夠成為老少咸宜的點心。

grace's style
葛雷絲的獨家祕方

在我還小的時候，水果罐頭對一般人而言可是高級品。若是能夠在生病或什麼特別的日子裏收到水果罐頭，就會感到無比興奮。

當時，水果的種類並不多，也無法像現在這樣保存那麼久，一般只有在產季才能吃得到，所以，水果罐頭就顯得特別珍貴。

這種添加了白桃的慕斯，就是在我懷舊的情感下誕生。能夠放進慕斯的水果，味道要清淡，又能讓人感覺到它的存在。在這樣的考量下，我選擇了白桃，並在不做任何其他加味的情況下，讓罐裝白桃充分展現美味。所以請您好好地享受白桃的清香，以及細碎地隱藏在慕斯裏所帶給人的特殊口感！

在家裏做時，因為無需使用可拆式模型來定型，只要倒入容器即可，步驟自然變得非常簡單了。

peach mousse

白桃慕斯

材料（4~6人分）

白桃罐頭──2罐

吉利丁片──13~14g

鮮奶油──150cc

蛋白──1/2個

作法

1 蛋白放入容器內放置冷藏。吉利丁片用水（份量外）浸泡到膨脹。

2 打開白桃罐頭，倒在細眼竹篩（或濾網）上，罐頭裏100cc汁液倒進鍋中備用。

3 挑出破碎或較硬的果肉400g用果汁機打過，剩餘的80g切成1cm塊狀（a）。

4 擠掉吉利丁的水分，放入**2**的鍋中點火加熱。待吉利丁一溶解立即搬離爐火，移到其他的容器。因為吉利丁一旦煮開，凝固力就會減弱要特別留意。

5 將**3**全部倒入容器，充分混合後底部用冰水加以冷卻。

6 從底部開始會漸漸凝固，必需常常用橡皮刮刀反覆拌合（b）。

7 鮮奶油放入另一個容器，底部隔著冰水降溫，約打發至七~八分。

8 **6**和**7**的濃度變得差不多時，將**7**倒入**6**中混合（c）。

9 迅速地將蛋白也打發至八分，倒入**8**中拌勻。

10 倒入玻璃容器中（d），放置冰箱冷藏最少1個小時以定型。

c

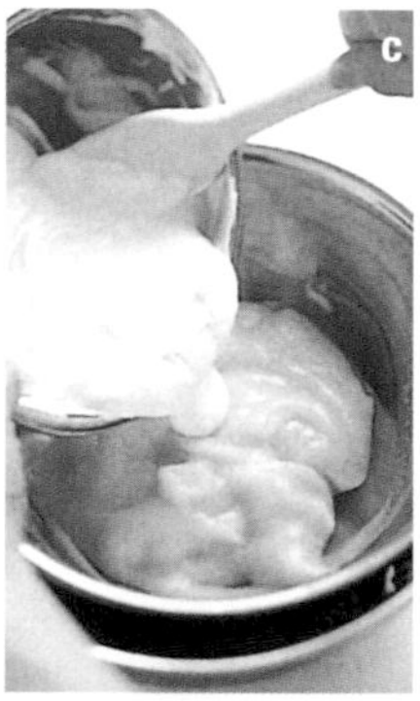

a

d

b

tea **阿薩姆紅茶**

（assam，印度紅茶的一種）

阿薩姆味道濃烈，經常和牛奶一起搭配。

因為白桃慕斯是一種內含鮮奶油，性質溫和的蛋糕，所以，請不要將牛奶加入阿薩姆紅茶裏，細細地品味白桃慕斯的溫和特質吧！

baked cheese cake

烤乳酪蛋糕

grace's style 葛雷絲的獨家祕方

記得第一次吃到乳酪蛋糕是高中時代，在六本木的一家西點名店裏，因為和以往吃過的蛋糕截然不同，它的美味讓我震撼不已。

當時，蛋糕的種類並不多，乳酪蛋糕也不普遍。後來，乳酪蛋糕的種類增加了也逐漸流行起來。

最近，甚至還出現了乳酪蛋糕的專賣店呢！

乳酪蛋糕從淡口味到重口味，各式各樣的都有。在這麼多種乳酪蛋糕當中，想要創造出「葛雷絲」的風格並不是件容易的事。但是，我還是有我自己獨特的作法。乳酪濃郁的味道和入口時的香醇，讓我感到非常滿意，因此沿用此法至今。

我也曾經用過新鮮的藍莓來作，但是本身的味道並不出衆。所以，我改用一年四季都可以買得到的罐裝藍莓，再用檸檬汁來加重它的酸味。

材料

（約1個直徑18cm底部可拆式圓模的份量）

奶油乳酪──220g

細砂糖──50g

蛋黃──3個

酸奶油──150g

檸檬汁──2小匙

康圖酒──2小匙

鮮奶油──80cc

低筋麵粉──30g

蛋白──3個

┌ 藍莓罐頭──1/3罐

└ 檸檬汁──1/2大匙

作法

1 罐頭的汁液濾掉，將藍莓倒入容器，撒滿檸檬汁。

2 奶油乳酪用隔水的方式或微波爐稍微加溫，使其軟化至可用網狀攪拌器攪動的程度。

3 將40g的細砂糖加入**2**中，用攪拌器拌到整個變得滑順時，將蛋黃分2次拌入。

4 酸奶油一次加進去徹底攪拌。再將用來調味的檸檬汁和康圖酒加入混合。

5 鮮奶油放進其他的容器，底部隔著冰水降溫打發到七～八分。

6 鮮奶油加進**4**裏混合，攪拌至美乃滋般柔軟的程度（a）。若是質地有點硬，可以在攪拌同時略微隔水（或直接用極小的火）加熱。

7 篩入低筋麵粉混合。

8 蛋白打發至五分時，將剩餘的10g細砂糖加入，再徹底打發至有立角狀為止。

9 將**8**加入**7**中（b），小心不要弄壞了泡沫，用橡皮刮刀快速地攪拌。

10 用橡皮刮刀舀一瓢**9**的麵糊，均勻而薄薄地鋪在圓模底部。

11 再舀一瓢進**1**的藍莓中稍加攪拌，鋪到**10**的底部上。

c

a

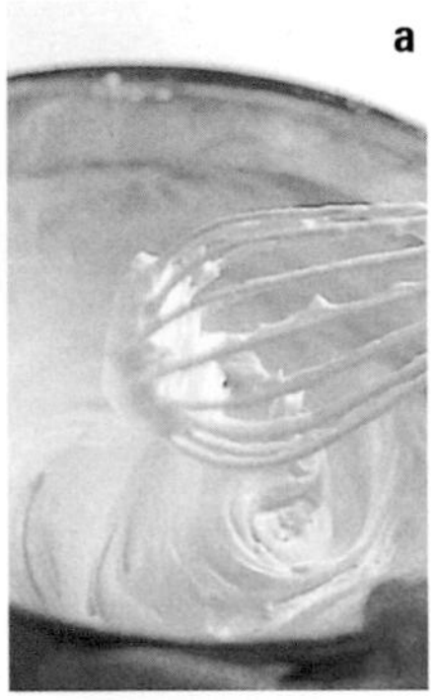

d

b

12 剩餘麵糊緩慢倒入圓模裏（c），用鋼片或其他東西將表面抹平。

13 圓模底部用鋁箔紙包起來，放在鐵烤盤上四周注入熱水（d）。用170度隔水烘烤45～50分鐘，直到變為黃褐色。水若是減少要記得再加一些進去。

14 烤好後放著讓它完全冷卻，再從圓模取出。

tea **spirits tea 蘭姆香橙紅茶**

一種添加了蘭姆酒和香橙的茶，同時縈繞著這兩種不同的香氣。或許是因為蘭姆酒它蘊釀出大人成熟的風味，而香橙又為它增添了清爽的氣氛吧。

推薦您用這種可以抓得住乳酪蛋糕濃郁味道的茶來搭配享用。

雖然是傳統式的蛋糕，
但我可是在作法上下過一番工夫。
我的作法就是刻意地突顯出
藍莓的酸甜味。

南瓜是大自然所賜予的天然產物，當然也就會有質地結實好吃的，也會有水分過剩而難吃的。我所使用的，是一般被認為味道保持在一定水準之上的冷凍南瓜。

即使是如此，南瓜的品質還是會良莠不齊，令人無技可施。平常雖然可以用牛奶量的多寡等方式來做調節，但偶爾也會有那麼一天，不幸碰上了水分過多的南瓜，不禁想：「傷腦筋！這下還真不知道該拿它怎麼辦才好呢！」就這樣，我一直做到了今天。

曾經有那麼一天，一位客人在店裏點了南瓜塔。店員悄悄地告訴我：「那位客人已經吃了3個南瓜塔哩！」

離開葛雷絲前，這位客人告訴我：「今天的南瓜蛋糕又軟又好吃，我最愛吃這種的了。」看來，水分過剩的南瓜比質地結實的更適合用來做南瓜「蛋糕」呢！

在製作南瓜塔時，我儘可能地突顯出南瓜特殊的風味。不同的南瓜在味道上或多或少會有微妙的差異，這也正是它值得細細品味之處。

tea 奴瓦拉耶利亞

pumpkin tart
南瓜塔

pumpkin tart
南瓜塔

材料（約1個直徑21cm塔模的份量）

塔皮
- 奶油──20g
- 白油──20g
- 細砂糖──20g
- 攪開的蛋──1/2個
- 低筋麵粉──85g

南瓜餡
- 冷凍南瓜──370g
- 細砂糖──100g
- 蛋黃──2個
- 牛奶──100cc
- 吉利丁片──6g
- 肉桂粉──少許
- 蘭姆酒──1小匙
- 鮮奶油──80cc
- 蛋白──1又1/2個

裝飾
- 鮮奶油──80cc
- 細砂糖──1又1/2小匙

由於塔皮比起派來較不費事，
所以，請嘗試用更多時間在表面裝飾上
下工夫吧！

1
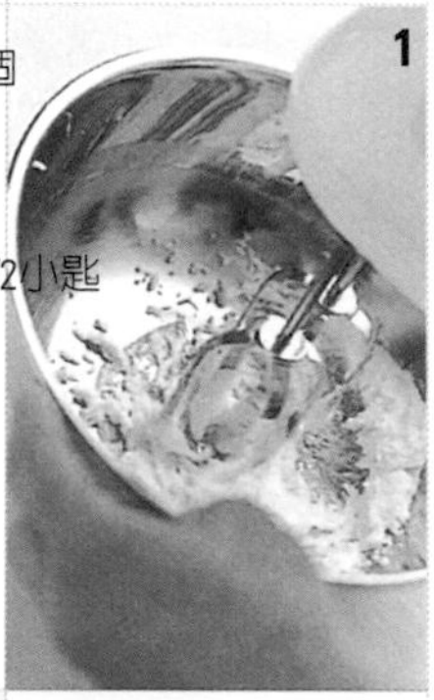
2
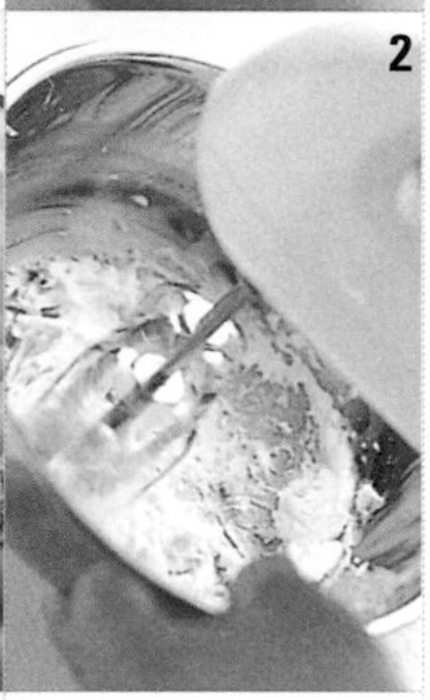
3

塔皮

1 奶油和白油放進容器，放置室溫下。待軟化後加入細砂糖，用手拿式電動攪拌器充分混合。

2 再加入已攪開的蛋，充分攪拌。

3 篩入低筋麵粉，用橡皮刮刀快速拌合。

4

5
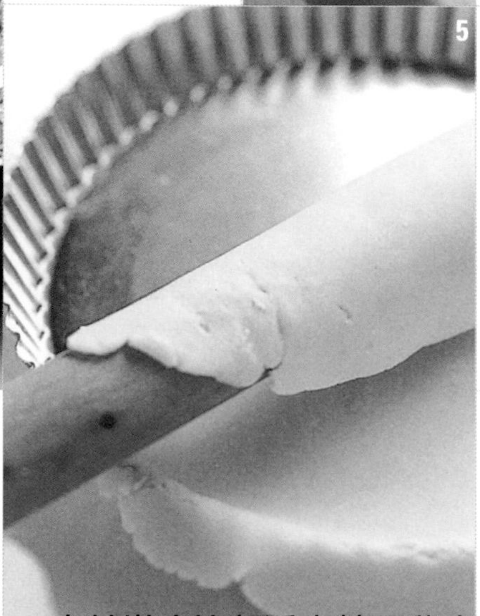
6
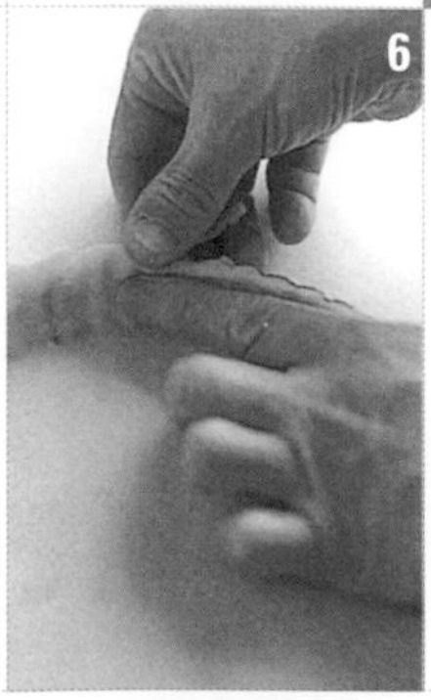

4 麵糊成團後用保鮮膜包起來，靜置冰箱冷藏至少1個小時以上（若能放上一晚更好）。

5 將4放在撒入手粉的平台上，用擀麵棍擀成薄皮，不留縫隙地緊鋪在塔模上。

6 突出模外的麵皮用手指招掉，底部用叉子尖端打些透氣孔。

7

7 鋁箔紙背面塗上薄薄一層沙拉油（份量外），緊貼覆蓋在整個麵皮上。再將白鎢鎮石壓在鋁箔紙上，用160度烤18分鐘。烤出一點顏色後除去鋁箔紙和白鎢鎮石，再烤至七分變為黃褐色。烤好後就這樣放著讓它冷卻。

8

南瓜餡

8 吉利丁片用水（份量外）浸泡到膨脹。南瓜以室溫（或微波爐）解凍，去皮。再用網篩過濾或用叉子搗碎，放入鍋中。

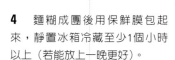

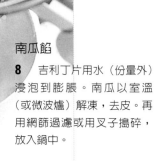

裝飾

16 鮮奶油和細砂糖放進容器，底部用冰水降溫，打發至七分。

17 在塔的表面鋪上鮮奶油，再用三角刮板等器具加以修飾。

▼光是南瓜餡也可以成為一道不錯的點心，當您不想費神做塔皮時，不妨試試看吧！

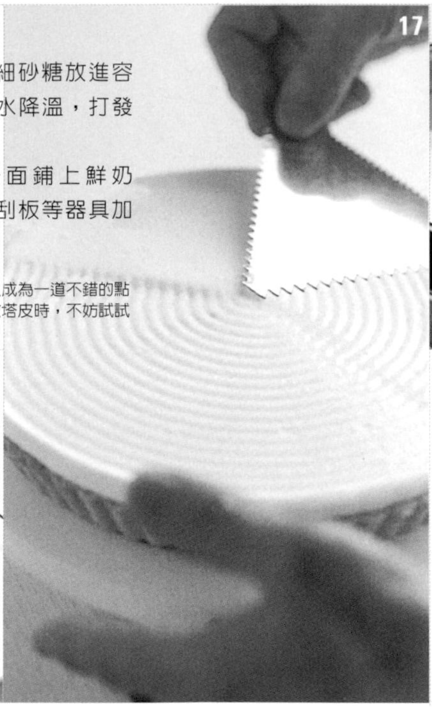

9 依序加入細砂糖、蛋黃、牛奶混合，開中火加熱。用橡皮刮刀刮底部並翻攪到煮開發出咕嘟咕嘟聲。

10 從爐火移開，趁熱將擰乾水分的吉利丁放入使其溶解。再加入肉桂粉、蘭姆酒充分混合。

11 鍋子放到鋪有冰塊的容器內，常常翻攪使其冷卻。

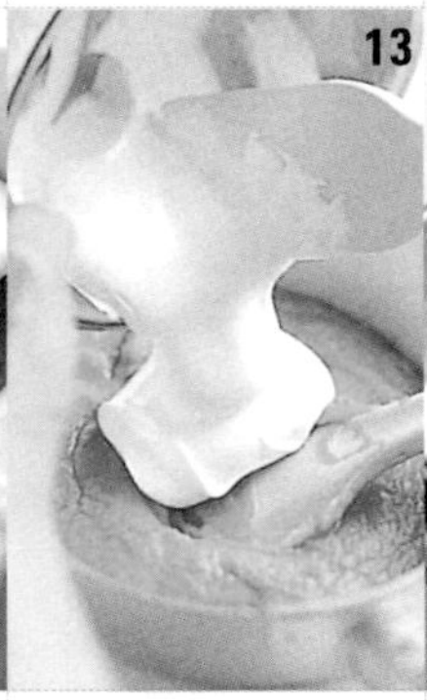

12 同時將鮮奶油打發至八分。

13 待南瓜冰涼變得濃稠，將**12**的鮮奶油加入迅速拌合。

14 將打發到可以做出形狀的蛋白加入，留意不要破壞氣泡拌勻。

15 將**14**倒入塔模，抹平表面，再用保鮮膜覆蓋其上，放入冰箱冷藏凝固。

tea **奴瓦拉耶利亞**

〈nuwara eliya，錫蘭紅茶的一種〉

一種香氣十足，彷彿沒有個性即是它個性的淡味茶。特異的名稱源自於它的生產地。

在「葛雷絲」，總是會有客人點南瓜塔時，一起點奴瓦拉耶利亞茶。

戚風蛋糕雖然是
我的入門作，
直到現在，
我仍舊對它著迷不已。

只要看到剛出爐鬆鬆軟軟的戚風蛋糕，我總會有種幸福的感覺。這個模型在「葛雷絲」已經歷史悠久。

part 2.

戚風蛋糕。

第一次吃到戚風蛋糕，已是距今25～26年前的事。我在北海道旅行時到了小樽，進入當地街上一家小巧玲瓏的蛋糕茶館，稍作休息。

它的店面真的很小，一進門就可以看到小小的櫃檯上，放著一個剛從模型取出，未經修飾的戚風蛋糕。

當時，我對蛋糕的印象一直停留在西點蛋糕店的玻璃陳列櫃裡，那種用透明玻璃紙或鋁箔紙包裝起來的蛋糕。所以，看到這樣的蛋糕對我來說格外地有新鮮感。

值得一提的是這家店在客人點了戚風蛋糕後，會當場切下，再淋上濃稠未加糖的鮮奶油端上桌。

至今，我都忘不了當時戚風蛋糕剛入口時的感動。頓時就開了竅：「原來世上還有這樣的蛋糕！」接著，我又一連點了這家店的巧克力、香蕉戚風和乳酪三種蛋糕，本來還想點另外一種蛋糕試試看，卻因為覺得再點第四個實在是有點丟臉而作罷。

這是我年輕時一個難以忘懷的回憶。

所以，當我決定要開這家西點茶館，第一個浮現在腦海裡的，就是「戚風蛋糕」。心想我一定也要在「葛雷絲」賣這種蛋糕。

「戚風蛋糕」對我而言，可以說是製作蛋糕的一個起點，所以，我也希望能夠與「葛雷絲」的來客分享它帶給我的魅力。

接下來為您介紹四種戚風蛋糕，「葛雷絲」每天必定會推出其中的兩種。巧克力與香蕉，或抹茶和巧克力。偶爾也會有紅茶香料戚風蛋糕搭配其中任何一種的組合出現。

雖然這四種戚風蛋糕我都喜歡，但是，還是得顧慮到客人的喜好。

所以，請您不妨都做做看，再從中找出符合自己或家人的口味來吧！

此外，為了讓大家能夠品嚐戚風蛋糕細膩的美味，我總是在100cc鮮奶油中僅加入2g砂糖這樣的比例來製作鮮奶油，以降低它的糖分。

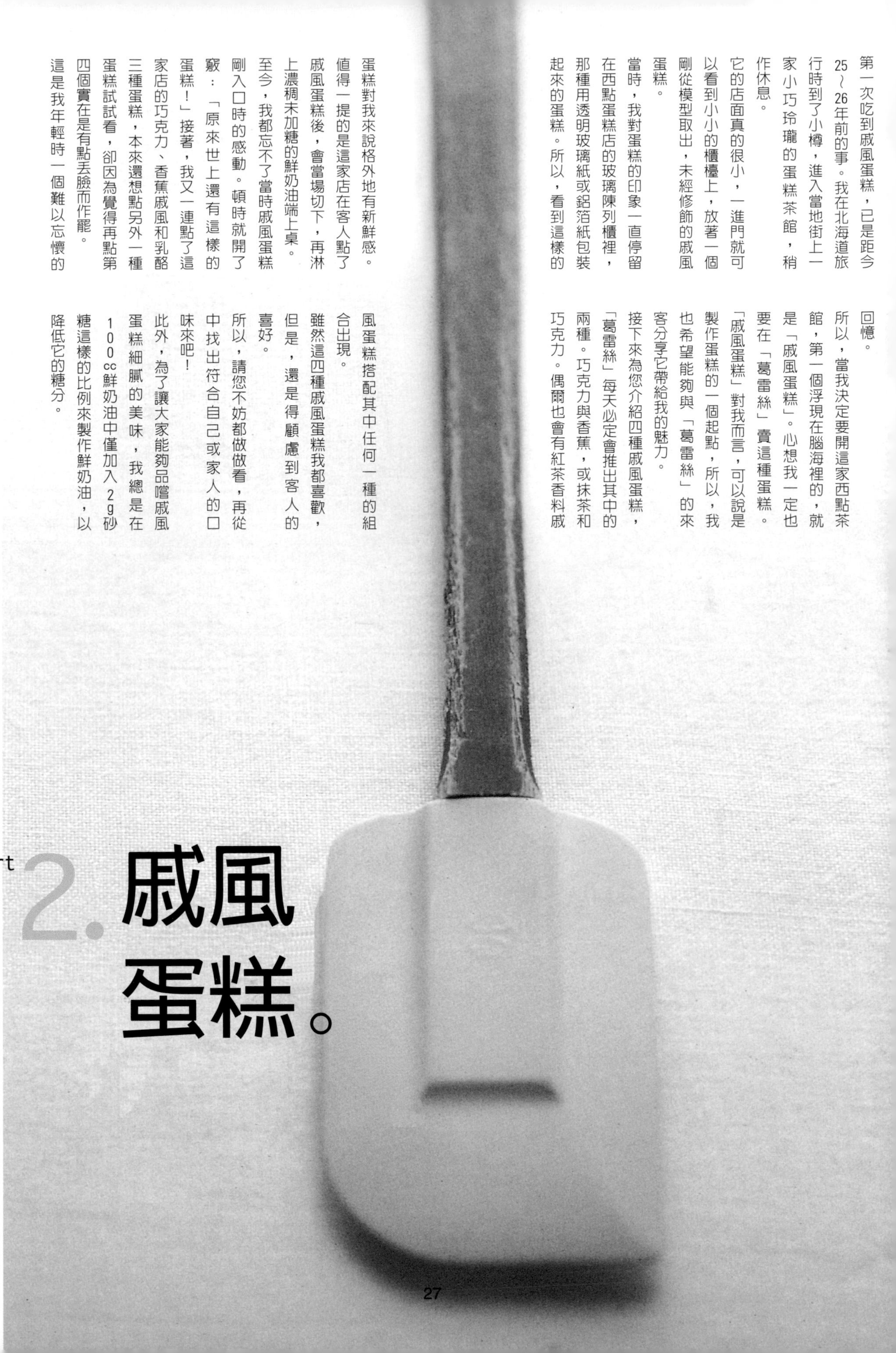

這把橡皮刮刀的柄是木質的，觸感柔和，我特別鍾愛。因為最近已經看不到木頭材質了，這把橡皮刮刀格外顯得珍貴。

香蕉的味道和香氣，將戚風蛋糕濕潤鬆軟的迷人特質發揮到了極致。

在蛋糕裡添加水果等素材一起烘烤時，有時可以突顯它的味道，相反地，有時卻會蹧踏了它原有的風味。基於這樣的考量，香蕉可說是一種非常適合用於製作蛋糕的素材。

而最適合用來製作蛋糕的，就是那種您覺得拿來吃有點熟過了頭，已經太軟了的香蕉。

其實，並不是每個人都喜歡香蕉。不過，有些人即使不能生吃，倒也敢吃像這樣用香蕉作出來的食物，例如小孩的零嘴等等。所以，希望我的介紹，會對您有所幫助。

當香蕉的香氣從烤箱淡淡地飄出時，總會令人不自覺地沉浸在歡欣的氣氛中。

請注意戚風蛋糕烤好後，為了防止它縮水扁掉，在還沒完全冷卻前，不要從模型中取出！

tea 格雷伯爵茶

banana chiffon cake
香蕉戚風蛋糕

banana chiffon cake
香蕉戚風蛋糕

材料

（約1個直徑20cm戚風模的份量）

蛋白—5個

熟透的香蕉—約中型1又1/2條

A
- 低筋麵粉—135g
- 泡打粉—1/2大匙
- 蘇打粉—1/8小匙
- 鹽—1/4小匙

細砂糖—100g

蛋黃—4個

水—25cc

沙拉油—60cc

打發鮮奶油（可有可無）
- 鮮奶油—200cc
- 細砂糖—1小匙

製作香蕉戚風蛋糕的一大祕訣，
就是將蛋白打發到
可作出立角狀，
並且迅速混合材料。

6

2

3
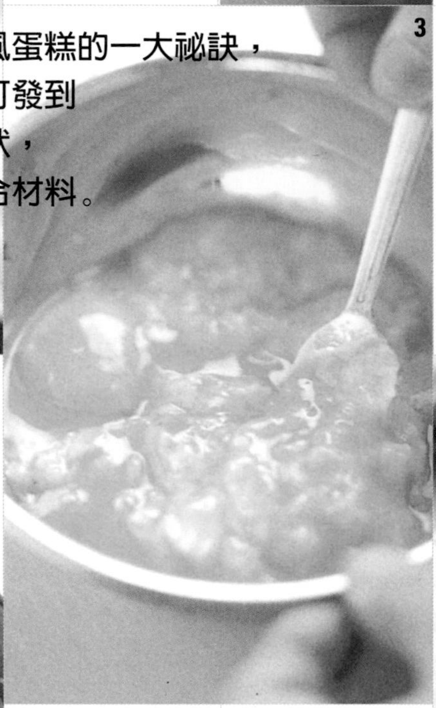

7

1

5

4

1　蛋白放入容器，放置冰箱冷藏備用。用叉子的尖端壓碎香蕉，加入水後共125cc的份量。

2　混合**A**的材料後篩入容器，再加入細砂糖用手拿式攪拌器充分混合。

3　蛋黃放入另一個容器，加入**1**的香蕉和水攪拌混合。

4　再加入沙拉油充分拌合。

5　將**4**倒入**2**的中央，用網狀攪拌器充分溶解混合。

6　將**1**的蛋白打發到可作出立角狀為止。

7　將**5**以書寫W字型似地倒入**6**，覆蓋在上面。

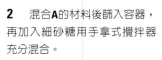

13

13 請依個人喜好添加打發至七～八分的鮮奶油。

8 用橡皮刮刀用力迅速地拌勻。

9 倒入模型裡，用烤箱以150度烤45分鐘。

10 烤好後將模型倒扣，直到完全冷卻。

8

10

9

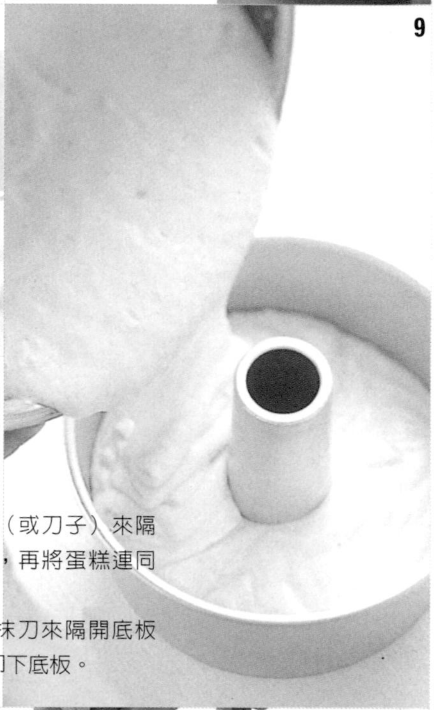

11 插入抹刀（或刀子）來隔開模型和蛋糕，再將蛋糕連同底板一起脫模。

12 接著插入抹刀來隔開底板和模型中軸，卸下底板。

12

11

tea 格雷伯爵茶〈earl grey，加味茶的一種〉

格雷伯爵茶有著似香水般的獨特氣味，這也正是這種紅茶的魅力所在。它的口味也很特殊，清淡怡人，和香蕉戚風蛋糕非常搭配。
香蕉濃郁的香氣即使是烤過都不會消失，所以，請您好好地品味這種蛋糕和茶所散發出的兩種香氣！

grace's style
葛雷絲的獨家祕方

chocolate chiffon cake
巧克力戚風蛋糕

材料（約1個直徑20cm戚風模的份量）
蛋白—5個
苦甜巧克力—35g
A
- 低筋麵粉—125g
- 泡打粉—1/2大匙
- 蘇打粉—1/8小匙
- 鹽—1/4小匙
- 可可粉—35g

細砂糖—150g
蛋黃—4個
水—125cc
沙拉油—75cc

作法
1 蛋白放入容器，放置冰箱冷藏備用。
2 苦甜巧克力用刀子切碎成約5mm塊狀。(a)
3 混合**A**的材料後篩入容器，加入細砂糖以及**2**用網狀攪拌器充分混合。
4 蛋黃放進另一個容器，邊緩緩地注入水，邊用攪拌器充分拌合。再加入沙拉油充分攪拌。
5 將**4**倒進**3**的粉末中央(b)，用攪拌器充分溶解混合(c)。
6 將**1**的蛋白打發到可作出立角狀為止。
7 將**5**加入**6**覆蓋在蛋白表面(d)，用橡皮刮刀用力迅速地拌勻。
8 倒入模型(e)，用烤箱以150度烘烤45分鐘。
9 烤好後將模型倒扣，直到完全冷卻。
10 插入抹刀(或刀子)來隔開模型和中軸的周邊，將蛋糕連同底板一起脫模，再插入抹刀來隔開蛋糕和底板(f)，卸下底板。

巧克力戚風蛋糕在「葛雷絲」頗受歡迎。
將切碎的巧克力和麵糊一起混合烘烤後，隱藏在蛋糕裡的巧克力碎片，夏天會融化流出，冬天則會凝固，能夠品味到齒間不同的口感。其實，無論是哪種，都可以用不同的方式襯托出蛋糕的美味。或許正因為巧克力戚風蛋糕可以在不同的季節帶給人不同的感受，所以特別受到喜愛吧？
店裡有一位年輕的女性員工特別偏好這種蛋糕。
她曾說過：「這種蛋糕我可以一口氣吃下一整個哩！有機會的話還真想吃吃看！」
在此先提醒您，本書所介紹的作法，使用的是家庭用直徑20cm的模型，而店裡使用的則是25cm直徑的。後來，我用它烤了一個巧克力戚風蛋糕，送給她作為生日禮物。她欣然地接受了，我也覺得很高興。

剛出爐的巧克力戚風蛋糕
切開後，夾雜在蛋糕裡的巧克力碎片會融化流出，
而冰過的則會讓人體驗不同的口感，別具風味。

tea & spice chiffon cake

紅茶香料戚風蛋糕

材料（約1個直徑20cm戚風模的份量）
蛋白—5個
紅茶葉（格雷伯爵茶）—4g
細的二砂糖（三溫糖）—125g

A
- 低筋麵粉—135g
- 泡打粉—1/2大匙
- 蘇打粉—1/8小匙
- 鹽—1/4小匙
- 肉桂粉—1/2小匙
- 薑粉—1/2小匙
- 豆蔻粉—1/4小匙

蛋黃—4個
水—100cc
沙拉油—60cc

作法

1 蛋白放入容器，放置冰箱冷藏備用。

2 紅茶葉用菜刀切碎，或用研砵磨成細粉。二砂糖過篩濾掉結塊的部分。

3 將**A**的材料混合後篩入容器，再加入**2**用網狀攪拌器充分混合。

4 蛋黃放進另一個容器，緩緩地注入水，同時用攪拌器混合，再加入沙拉油充分攪拌混合。

5 將**4**倒入**3**的中央，用攪拌器充分混合。

6 將**1**的蛋白打發到可作出立角狀為止。

7 將**5**加入**6**覆蓋在蛋白表面，用橡皮刮刀用力迅速地拌勻。

8 倒入模型中，用烤箱以150度烤45分鐘。

9 烤好後將模型倒扣，直到完全冷卻。

10 插入抹刀（或刀子）來隔開模型和中軸的周邊，將蛋糕連同底板一起脫模，再插入抹刀來隔開蛋糕和底板，卸下底板。

這是一種洋溢著格雷伯爵茶和
香料芬芳的戚風蛋糕。
它所散發出的香氣，是另一種誘人之處。

「葛雷絲」是蛋糕和紅茶的專賣店。若能有種用紅茶作出來的蛋糕，不也很好嗎？紅茶香料戚風蛋糕就在員工這樣的提議下誕生了。這種紅茶和香料的組合，有著大人成熟的風味，很受到顧客的喜愛。如今，已經成為「葛雷絲」每天必出的蛋糕了。只要是戚風蛋糕，都適合加上打至七分的鮮奶油一起享用。您不妨也試試看！

只要是戚風蛋糕，那種剛從模型取出時的香氣，和鬆鬆軟軟的口感，都是無與倫比的。其中，又以抹茶戚風蛋糕在剛出爐時最為與衆不同。

有一個時期，「葛雷絲」在客人未上門前，員工有個專屬的特權，那就是可以對抹茶戚風蛋糕大快朵頤。請您在家裡也一起品嚐這種蛋糕剛出爐時的香味和鬆軟的質感！

這種蛋糕，再配上抹茶味的鮮奶油，
可以說是名符其實的抹茶戚風蛋糕！

材料（約1個直徑20cm戚風模的份量）

蛋白—5個

A
- 低筋麵粉—135g
- 泡打粉—1/2大匙
- 鹽—1/4小匙
- 抹茶粉—5g

細砂糖—130g

蛋黃—4個

水—100cc

沙拉油—60cc

抹茶打發鮮奶油
- 鮮奶油—200cc
- 抹茶—1/2大匙
- 細砂糖—1又1/2大匙

作法

1 蛋白放入容器，放置冰箱冷藏備用。

2 將**A**的材料混合後篩入容器，再加入細砂糖用網狀攪拌器充分混合。

3 蛋黃放進另一個容器，緩緩地注入水，同時用攪拌器混合，再加入沙拉油充分攪拌混合。

4 將**3**倒入**2**的中央，用攪拌器充分混合。

5 將**1**的蛋白打發到可作出立角狀為止。

6 將**5**加入**4**覆蓋在蛋白表面，用橡皮刮刀用力迅速地拌勻。

7 倒入模型中，用烤箱以150度烤45分鐘。

8 烤好後將模型倒扣，直到完全冷卻。

9 插入抹刀（或刀子）來隔開模型和中軸的周邊，將蛋糕連同底板一起脫模，再插入抹刀來隔開蛋糕和底板，卸下底板。

10 依個人喜好添加打發七～八分的抹茶鮮奶油一起享用！

greentea chiffon cake
抹茶戚風蛋糕

這是用來量紅茶葉的量匙。因為它的柄很長，所以特別好用。雖然歲數不小了，我還是再繼續用它一陣子吧！

part 3. 葛雷絲的紅茶。

我的母親是個講究泡茶方法，會泡好茶的人。她會配合煎茶（日本綠茶的一種）茶葉種類的不同，適度地調節水溫、時間，不疾不徐地泡出好茶來。遺憾的是，母親在「葛雷絲」開店前就已離開了人世。

母親有一句口頭禪：「即使是一杯茶，也要用心地泡出它的原味來。」這句話，成了我日後經營「葛雷絲」的一個理念。雖說紅茶是用來襯托蛋糕的，但它絕不僅僅是個配角而已。為了讓來客能夠盡情享受紅茶原味，「葛雷絲」目前備有10種紅茶。這是我從各式各樣的純紅茶中，精心挑選出來的。全都是些味道較為濃郁或獨特的茶葉。

每位顧客有每位顧客的喜好。如果是老主顧，甚至不用問也知道他會點什麼茶。不過，他仍有可能會受到當天心情的影響而點不同的茶。

為了慎重起見，我們都還是會先問過。

由於「葛雷絲」是在「開一家以我最愛的點心為主的店」在這樣的構想下開始經營，為了配合這些點心，我儘量避免選擇加味茶，而以純紅茶為主。當然，既是開店，自是免不了會供應咖啡。但就我個人而言，點心配紅茶這樣的印象已經是根深蒂固了。

我的一天，就是從喝杯紅茶開始。尤其是在忙得不可開交的時候，只要能夠喝杯紅茶，就可以消除身心的疲憊。紅茶那琥珀色調以及溫和香醇的味道，或許正是它所帶給人的魔力吧？其實，只要用心，不嫌麻煩，任何人都可以泡出好喝的紅茶。

請先準備好滾了的開水、茶葉、茶壺、濾茶器、紅茶杯。然後，只須再注意配合茶葉的大小增減茶葉量、倒入的開水量、和沖開的時間，不須像咖啡般地講究一些微妙的技巧，也是紅茶之所以會吸引人的地方。您可以作各種嘗試，再從中找出合自己口味的紅茶來。雖然紅茶的種類繁多，只要多試試看，一定可以找出自己所喜歡的。「葛雷絲」的每種紅茶我都喜歡。不過，想喝清爽一點的時候，我會選擇沒有特殊味道，單純而順口的「坎地」紅茶。

希望您也能夠在自製點心和喜愛的紅茶陪伴下，渡過輕鬆愉快的時光。

我的一天，是從喝杯紅茶開始的。
依照季節變化的不同，
或是當天氣氛來選擇想喝的茶，
何嘗不也是一種樂趣呢？

濾茶器是「葛雷絲」一天中最常用到的器具。也只有這樣器具，在用舊時會一再地換新。這種木柄的濾茶器，握著時感覺溫溫的，我特別喜愛。

straight tea in grace's style

葛雷絲的純紅茶祕方

不知道紅茶是在何時根植於日本人的生活裡？在我小的時候，紅茶的種類並不多，幾乎都是廠商製造出來的綜合口味。

其實，在經營「葛雷絲」之前，我對紅茶並不熟悉。現在可就不同了。我對探究各種紅茶所持有的獨特香味和口感的深奧之處為之入迷。世界上所產的紅茶種類似乎很多，若是再加上綜合紅茶，紅茶的種類可就不計其數。

然而，在眾多紅茶種類裡，印度的「大吉嶺」、斯里蘭卡的「烏巴」、以及中國的「祁門」被稱為世界三大銘茶。

「葛雷絲」備有包含了這3種，共10種的純紅茶。請您多品嚐比較各種茶的獨特香味和口感，找出您喜歡的來吧！

深受紅茶愛好者喜愛的純紅茶，在沖泡時要記得保留原味！

純茶（2人份）

1 自來水徹底煮開到冒泡為止(a)。

＊靜置後的水含氣量較少，並不適合用來泡紅茶。現取的自來水是最佳選擇。

2 將滾水注入茶壺用以保溫，再倒入茶杯溫杯(b)。

3 用茶葉量匙放2匙（7g）茶葉進茶壺裡(c)。

4 以大水量注入滾水360cc(d)。

＊用大水量可以沖開壺中的茶葉。

5 蓋上壺蓋，讓紅茶燜到完全沖開為止(e)。

＊這段等待的時間，是沖泡出美味的關鍵時刻。

6 輕輕地攪拌一次壺內的紅茶，讓濃度均勻地擴散開來(f)。

7 杯裡的熱水倒掉，用茶濾器過濾，將紅茶倒入杯中(g)。

milk tea in grace's style

葛雷絲的奶茶祕方

「葛雷絲」的奶茶都是用加溫至體溫的牛奶，加入純紅茶中製成的。

＊牛奶比鮮奶油更適合加入紅茶裡。

葛雷絲的茶葉

grace's tea

original tea
原味茶

1 grace blend
葛雷絲綜合茶

這種紅茶以祁門紅茶為主，特點是較不苦澀。它是為了配合「葛雷絲」的蛋糕而調配出來的綜合茶。
沖泡時間=3分鐘

chinese tea
中國茶

2 keemun
祁門

有一種像是燻木般的東洋獨特風味。不怎麼苦澀，就算是當作純紅茶來喝也很爽口，沖泡後顏色較深。
這種紅茶產於中國安徽省祁門縣，在歐洲被譽為是「中國的Bourgogne勃根第酒」，在英國貴族間廣受喜愛。
沖泡時間=3分鐘

flavoured tea
加味茶

3 lai chee
荔枝茶

添加了荔枝味，有著甜甜的香氣，口味帶著淡淡的甘醇。有的客人甚至每天都喝這種茶。
這是世界三大美人之一中國楊貴妃所鍾愛的茶。據說她每天都會將荔枝汁加入茶中飲用。
沖泡時間=3分鐘

flavoured tea
加味茶

4 rose congou
玫瑰工夫茶

紅茶是添加了玫瑰花香的加味茶，散發出宛如玫瑰花般的香味，跟荔枝茶比起來較為不甜。
取名自中文裡的「工夫」，也就是較費「工夫」的意思。這種茶被公認是一種須要茶農費心製作的紅茶。
沖泡時間=3分鐘

flavoured tea
加味茶

5 earl grey
格雷伯爵茶

添加了佛手柑香味的加味茶，因為它的異國風情而受到喜愛。請以純紅茶或冰紅茶的喝法來品味它的香醇。
「earl grey」就是格雷伯爵之意。這種紅茶有一個著名的傳說。據說是因為英國的格雷伯爵收到了這樣中國禮物後，常常飲用而出名，進而傳遍世界各地。
沖泡時間=3分鐘

ceylon tea
錫蘭紅茶

6 nuwara eliya
奴瓦拉耶利亞

香味豐富而又清爽，是味道較淡的一種。它的另一個特徵就是色淺，無特殊味道。
這種茶採自斯里蘭卡的中部西側最高地—奴瓦拉耶利亞，被視為是斯里蘭卡高地上採收紅茶中最高級的一種。
沖泡時間=1分鐘

ceylon tea
錫蘭紅茶

7 kandy
坎地

有著亮麗的紅色，色澤特別分明，味道也很濃厚。所以，我用它來作皇家奶茶或肉桂奶茶。
這種紅茶產於斯里蘭卡以古都坎地為中心的高原地帶，是斯里蘭卡國內最受歡迎的紅茶。
沖泡時間=1分鐘

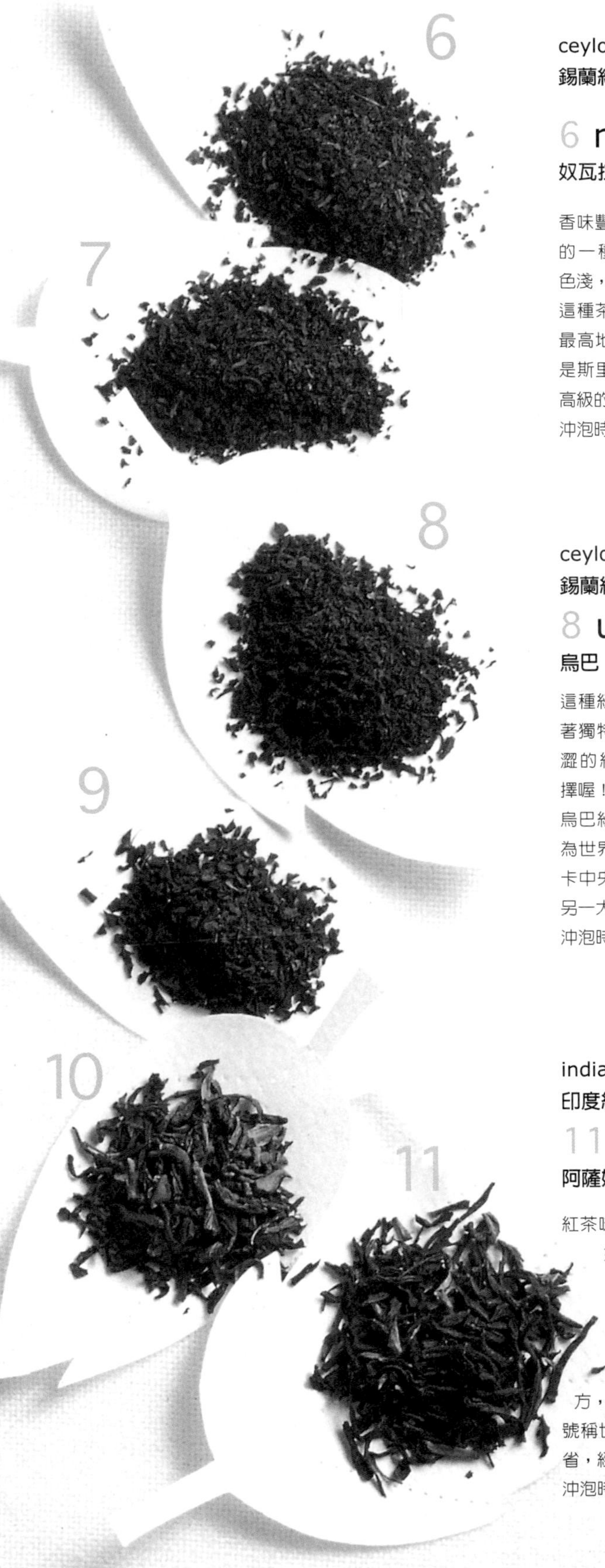

ceylon tea
錫蘭紅茶

8 uva
烏巴

這種紅茶的特徵是雖然苦澀，卻有著獨特的濃郁香味。若是偏好較苦澀的紅茶，烏巴會是您最佳的選擇喔！
烏巴紅茶和大吉嶺、祁門紅茶並列為世界三大銘茶之一，產於斯里蘭卡中央山脈東邊的高原頂端。它的另一大特徵是含有豐富的丹寧。
沖泡時間=1分鐘

indian tea
印度紅茶

9 nilgiri
尼爾吉里

有著紅茶名符其實的鮮紅色，因為澀度適中，冷熱相宜，非常容易入口。
這種紅茶採於南印度的尼爾吉里高原，依照當地的語言是「青山」之意。它雖然是印度紅茶，味道卻和錫蘭紅茶相近。
沖泡時間=2分鐘

indian tea
印度紅茶

10 darjeeling
大吉嶺

紅茶色淺而味道特殊，喜歡的人很喜歡，討厭的人很討厭，喜好可說是壁壘分明。
產地位於印度東北部喜馬拉雅山脈一帶的高原地—大吉嶺。因為當地的日夜溫差變化劇烈，蘊育出它獨特風味。
沖泡時間=3分鐘

indian tea
印度紅茶

11 assam
阿薩姆

紅茶味道強烈，不會因為加了牛奶而失去原味。當作純茶來喝，可以品味它的濃醇，搭配味道溫和的牛奶來喝也很不錯喔！
阿薩姆紅茶採自印度東北方，位於布拉馬普特拉河沿岸，號稱世界最大紅茶產地的阿薩姆省，經常被用來做綜合茶。
沖泡時間=3分鐘

ice tea in grace's style

葛雷絲的冰紅茶祕方

「葛雷絲」冰紅茶使用的是奴瓦拉耶利亞、尼爾吉里、荔枝、玫瑰工夫、格雷伯爵5種茶葉。主要是因為它們即使是用來作冰紅茶，也很好喝，而且也可以泡出漂亮的色澤。其中，我最喜歡用尼爾吉里來作冰紅茶。因為它的顏色鮮紅、澀度適中，不論是當作純紅茶喝，或是加入糖漿、牛奶，都非常爽口，令人百喝不厭。

要怎樣才能沖泡出好喝的冰紅茶呢？告訴您一個祕訣。那就是「儘量將紅茶急速冷卻」。也就是用「加冰塊」的方式，即先用冰塊將熱紅茶急速冷卻後，再一口氣注入裝滿了冰塊的玻璃杯中這樣的方式來冷卻。冷卻的速度若是太慢，香味會盡失，紅茶也會變濁。這是因為紅茶的主要成份丹寧酸和咖啡因，在凝固之後會產生渾濁的緣故，稱為「白霜現象」。我覺得冰紅茶的美就在於它的透明感。所以，一定要特別注意這點！

最適合在汗流夾背的季節裡飲用冰紅茶，沖泡方式的不同，大大影響它的美味。

冰紅茶（4人份）

1　用鍋子（有琺瑯鍋更好）煮沸600cc的水。

2　從爐上移開，待滾水稍趨平靜，用茶葉量匙放進5匙（約17g）的茶葉（a）。

3　蓋上鍋蓋，茶葉大片的燜2分鐘，小片的燜1分鐘。（b）

4　冰塊裝入濾網，再整個放進單柄鍋裡。用湯匙輕攪一下**3**鍋中紅茶，再將**2**用濾茶器濾過，倒入單柄鍋（c）。

5　倒完後將裝著冰塊的濾網取出（d）。

6　在玻璃杯中放進許多冰塊，將紅茶倒入（e）。

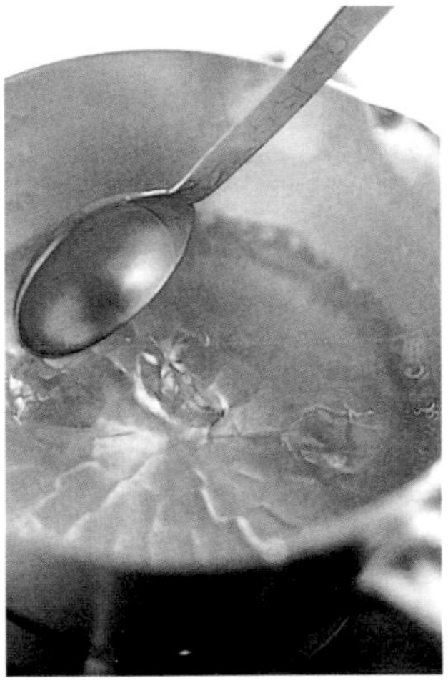

sugar syrup
糖漿的作法

將細砂糖和水以3比2的比例放入鍋中加熱溶解。例如：150g的細砂糖對100cc的水。這樣的糖漿不僅可以用於冰紅茶或冰咖啡，也可以用在做蛋糕上。多做一些存放起來，在製作三杯醋（以料酒〈或糖〉、醬油、醋各1杯合成的調味佐料）這樣的調味醬汁時就方便多了。可以放在冰箱裡約保存3個月。

how to keep
保存方法

「葛雷絲」並不會預先作冰紅茶再存放起來。但是在家庭中若是打算在一天之內喝完的話，預先作起來存放也不失是一種便利的作法。因為放進冰箱會變得渾濁，請把它放在常溫底下！

皇家奶茶是英國人愛不釋手的下午茶代表作。

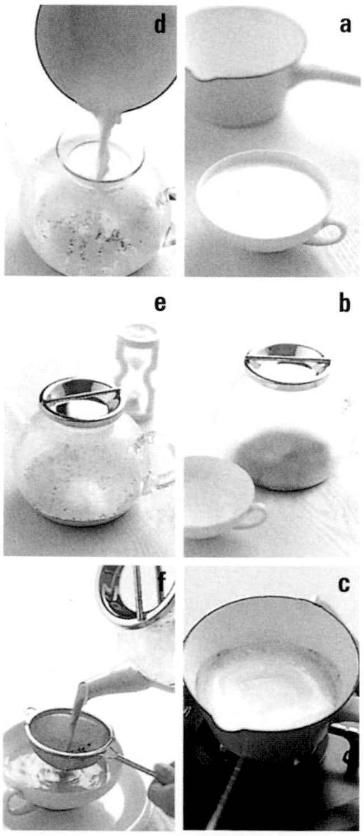

royal milk tea in grace's style

葛雷絲的皇家奶茶祕方

一說到紅茶，就會令人想到英國。英國人的生活中絕對少不了紅茶。或許就是因為它那像英國式的喝法，所以才被取名為「皇家奶茶」吧？

我覺得皇家奶茶的魅力是源自於牛奶和紅茶，這兩種特性的相互陪襯！在各種紅茶當中，因為坎地或阿薩姆等紅茶不會在加了牛奶後失去原味，特別適合用來作味濃香醇的皇家奶茶。

皇家奶茶（1人份）

1　把水煮沸。將滿滿一杯（約250cc）牛奶(a)，倒入單柄鍋內加熱。

＊由於茶葉會吸收牛奶，所以，請多準備一點牛奶。

2　用量匙將2匙（7g）茶葉放進壺，倒入**1**的滾水至茶葉被蓋滿可以吸水為止(b)。利用這段時間，再將熱水倒進杯中溫杯。

3　牛奶煮沸後（c），迅速地倒進壺裡(d)。

4　將茶葉燜到沖開為止(e)。

5　用濾茶器過濾，注入溫過的杯中(f)。

皇家奶茶中添加肉桂，
在寒冷的季節裡特別受到喜愛。

cinnamon milk tea in grace's style

葛雷絲的肉桂奶茶祕方

是種散發著肉桂味和香氣的奶茶。喜歡肉桂的人對它可是樂此不疲呢！因為肉桂有暖身的作用，在有點感冒徵兆或寒冷的季節裡，特別適合將這種紅茶推薦給您。

和皇家奶茶一樣，坎地或阿薩姆較適合用來做肉桂奶茶。依各人喜好不盡相同，我在喝這種茶時比較喜歡加點砂糖，甜甜的喝。

肉桂奶茶（1人份）

1 琺瑯鍋內放一些熱水，用量匙加進滿滿2匙茶葉(a)。再加入1湯匙的肉桂粉(b)。

2 用湯匙將浮起的茶葉和肉桂粉壓到水面下(c)。

3 加入1杯牛奶(d)煮開(e)。預先在杯中倒入熱水溫杯。

4 用濾茶器過濾，注入溫過的杯中(f)。

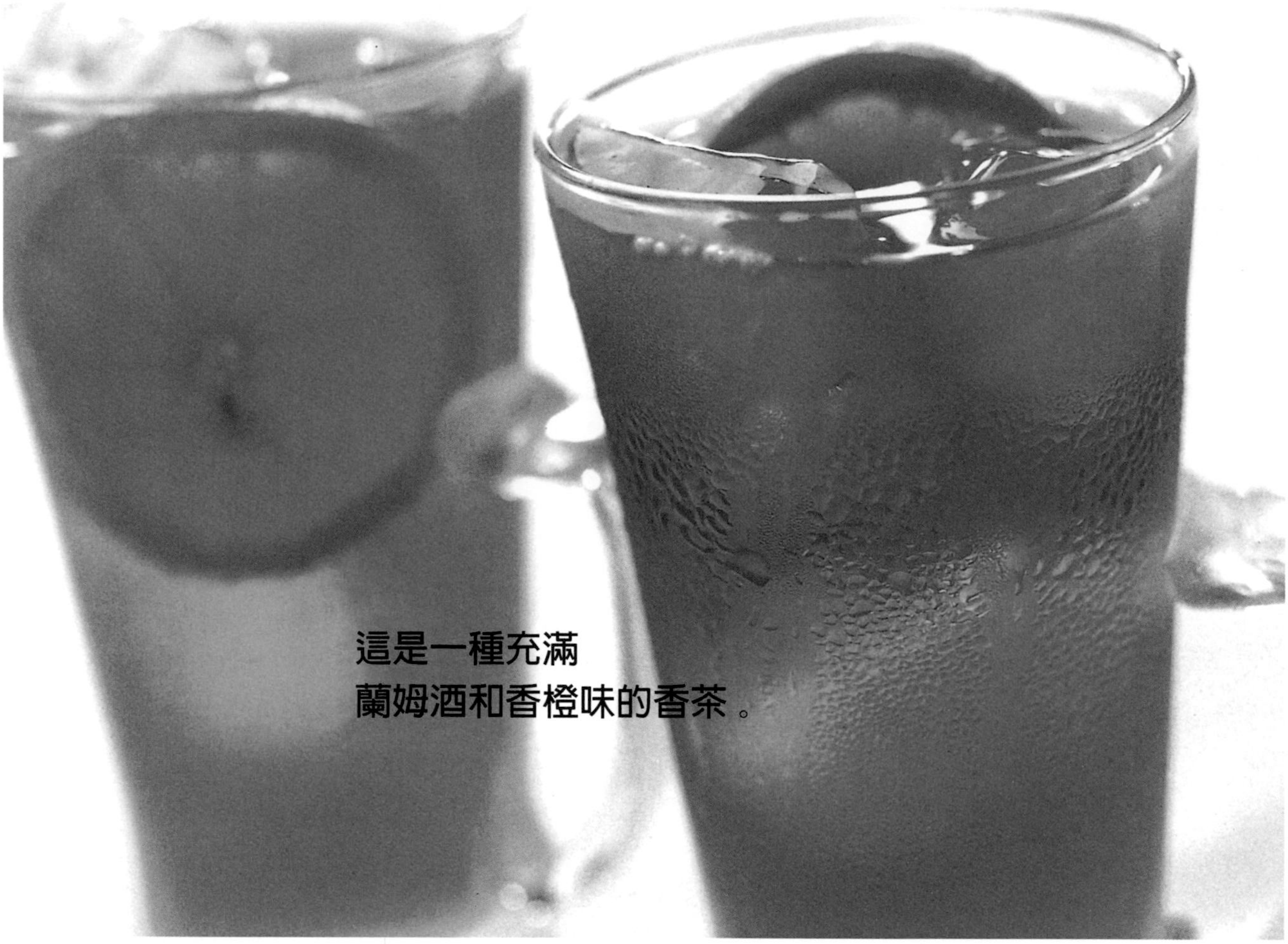

這是一種充滿
蘭姆酒和香橙味的香茶。

spirits tea in grace's style

葛雷絲的蘭姆香橙紅茶祕方

蘭姆香橙紅茶（1人份）

1 先做冰紅茶。

2 加進2小匙的糖漿。

3 再加入2小匙的蘭姆酒(a)，輕輕攪拌混合(b)。

4 加入切成薄片的香橙(c)。

＊若要熱飲，請加入細砂糖、蘭姆酒各1又1/2小匙。

這種茶在混合茶當中，最是瀰漫著大人成熟的韻味。很多人都喜愛它那由香橙薄片和蘭姆酒調製而成的組合。因為它不管是當作冷飲或熱飲都很可口，隨著季節的變換再加上兩種不同味道所帶來的情趣，值得您細細地品嚐箇中滋味。在「葛雷絲」的客人中，甚至有人對它喜愛到只要是點紅茶，就非它莫屬的程度。

究竟什麼樣的茶較適合用來作蘭姆香橙紅茶呢？本身較不具特殊味道的尼爾吉里是我的最佳選擇。

散發出清涼怡人的薄荷香，
具有消除疲勞的功效，
最適合在疲憊的午後享用。

a

b

c

mint tea in grace's style

葛雷絲的薄荷茶祕方

薄荷濃縮液（400cc的份量）

1 用鍋子將400cc的水煮沸。
2 從爐火移開，放進8g的乾燥薄荷葉(a)。
3 蓋上鍋蓋，燜15分鐘。
4 用濾茶器濾過，倒入容器中(b)。

＊放在冰箱內可保存1個月。

薄荷茶（1人份）

5 先做冰紅茶。
6 加入2小匙的薄荷濃縮液，攪拌混合(c)。
7 放些薄荷葉飄在水面上作為裝飾。

雖然對一些早就引頸盼望的客人有點過意不去，然而，「葛雷絲」的薄荷茶向來只在每年的5～9月間推出。因為在這樣的季節裡，清爽的薄荷香彷佛成了一錠清涼劑，特別能夠為人解除疲勞！

近來，雖然市面上充斥著各式各樣的花草茶，我總覺得最適合用來搭配紅茶的還是薄荷。用乾燥薄荷也能作出好喝的薄荷茶！您也試試看吧！

part

4. 季節性蛋糕。

將用了那麼久的木杓拿出來給大家看實在是有點不好意思。不過，它們真的很好用，可以說是我在作點心時的得意幫手！

開店之初，萬萬沒有想到會有這麼多人來吃我做的蛋糕。當初，我只是想開一家自己可以全權打理的店，所以，每天都只烘烤自己喜歡的種類各一個。其實，書中所為您介紹的季節性蛋糕，都是後來才慢慢增加的。而且，每增加一種新的，我總要周詳地考慮會不會影響到「葛雷絲」所有蛋糕的整體性，以及如何精簡製作材料。

在所有的蛋糕當中，最能夠讓人感受到季節氣氛的就是春季的草莓和秋季的栗子。近來，草莓的種類越變越多了。其中，「章姬（AKIHIME，產於日本靜岡縣）」和「栃乙女（TOCHIOTOME，產於日本栃木縣）」雖然適合用來作點心，卻不是市面上隨時都有供應。12月開始上市的有「TOYONOKA（產於日本福岡縣）」，因為顏色漂亮，又好吃，所以我都用這種。到了1月以後，進貨最穩定的主要有「女峰（NYOHO，產於日本栃木縣）」。因為一到了4月，「女峰」的味道就會逐漸變酸，所以，每年到了4月中旬，我總會為了無法買到好吃的草莓而傷透腦筋。秋季的栗子蛋糕也只能在很短的期間內推出。因為一到了12月，要買到栗子就很難。

不過，正因為這些點心都是在特定的季節才能吃到，對客人來說也格外地有新鮮感吧？今後，我仍舊會繼續做下去。

「葛雷絲」每天早晨的蛋糕製作，可以說是全年無休。在開店後的第三年，我的兒子出世了。而後的幾年，我為了兼顧育兒和蛋糕製作，將體能發揮到了極限，至今仍覺得不堪回首。但是，我還是在顧客們「真好吃！」的稱讚聲中，一直堅持到了今天。而我的兒子也在今年（1999年）升上了初中。

由於「葛雷絲」可說是一家以我為主的外行人所開的外行店，所以，在各方面也都充滿了我的個人色彩。

比方說，我也試過用擠花袋來作裝飾，後來卻覺得，蛋糕並不會因為這樣做而變得比較好吃。所以，我不再用擠花袋來作裝飾，即使蛋糕看起來會因而顯得有點冷清。

只不過，在做聖誕節或生日等蛋糕裝飾時，我還是會破例用一下擠花袋。

請您品嚐以春夏秋冬四季盛產的水果為素材，所做的當季美味點心吧！

這是烘烤派或塔時所使用的模型。它們看起來似乎都可以道盡「葛雷絲」的滄桑。這是店裡使用的模型，在家裡用可能稍嫌大了點。

spring

春

當葛雷絲門前的美洲山茱萸盛開時，就是宣告春天已經來了。
春季的蛋糕使用了盛產的草莓，作成草莓花式蛋糕、草莓派以及草莓巴伐利亞，都是春季的代表作。

strawberry shortcake

草莓花式蛋糕

草莓花式蛋糕是西點專賣店中一定都看得到的點心。不過，「葛雷絲」卻是從3年前才開始推出這種蛋糕。

因為直到那時，我都沒能找到可以作為製作參考的對象，只得放棄製作夾心蛋糕的念頭。

在草莓最鮮美的季節裏，用好吃的鮮奶油和草莓，外加海棉蛋糕這樣的絕配組合，沒有不好吃的道理吧？在這樣的構思之下，3種美味的組合在我不斷地嘗試後，終於確立了現行的製作方法。

開始推出草莓花式蛋糕後我終於發現，原來喜歡這種蛋糕的人還真不少呢！

如今，草莓花式蛋糕已成了「葛雷絲」的招牌蛋糕之一，即使推出的季節還沒到，已經有不少的客人迫不急待地想吃到它！

tea 尼爾吉里紅茶

因為我對草莓很講究，
草莓夾心蛋糕的供應期間也因而
受到了很大的限制。
草莓味美爽口，即使是大大的一顆，都令人百吃不膩！

strawberry shortcake

草莓花式蛋糕

材料（直徑21cm底部可拆式圓模）

海棉蛋糕的麵糊

- 全蛋（大型）—4個
- 細砂糖—135g
- 無鹽奶油—35g
- 低筋麵粉—135g

打發鮮奶油

- 鮮奶油—500cc
- 細砂糖—45g

大顆的草莓—2又1/2盒

果露

- 檸檬汁—2小匙
- 糖漿（參考43頁）—1大匙
- 櫻桃白蘭地酒—1小匙
- 水—100cc

鏡面果膠—（可有可無）

- 果膠—50g
- 熱開水—60cc
- 檸檬汁—1大匙
- 櫻桃白蘭地酒—1/2大匙

用全蛋打發是製作濕潤海棉蛋糕的訣竅。記得要充分的打發！

海棉蛋糕的麵糊

1　細砂糖加進蛋裡，容器的底部用微火一邊加熱，一邊用網狀攪拌器不斷地來回摩擦底部，加溫到接近體溫為止。

2　從爐火移開，用電動攪拌器迅速打發到濃稠狀，也就是將它打發到舀起後，落下時可慢慢地堆出形狀為止。

3　在做以上步驟的同時，將烤箱設定在170度開始預熱。把奶油放入容器，利用烤箱的預熱使其融化後取出。

4　低筋麵粉篩入**2**覆蓋整個表面，左手邊轉動容器，用另一手持橡皮刮刀用力快速地攪拌。把橡皮刮刀由下而上舉起，使沾在刮刀上的麵粉向左右撒開，將有助於混合。

5　用橡皮刮刀舀2次麵糊進**3**裡，快速地拌勻。

6　將**5**整個覆蓋在**4**的麵糊表面上，快速地拌勻。

7　倒入底部可拆式模型，用170度烤30分鐘後，調降到150度再烤15分鐘。

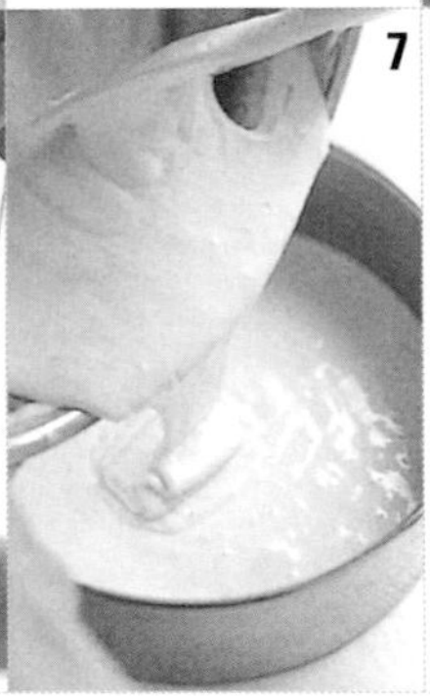

8　烤好後讓它降溫，待完全冷卻後，把抹刀插入模中，隔開周邊和底部取出蛋糕。

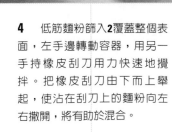

裝飾

9

10

9 切掉海棉蛋糕底部和表面薄薄的一層，橫切成三薄片。

10 容器底部用冰水冷卻，將鮮奶油和細砂糖打發至七分。

11

12

13

14

15

11 草莓洗淨去蒂，擦乾各縱切成4片。其中邊緣切厚一點作夾心用，中間部分切薄一點作裝飾用。

12 混合果露材料，用毛刷塗抹在所有薄片的雙面。用抹刀將**10**的鮮奶油塗抹在海棉蛋糕表面後，將草莓排列在上面。

13 再塗上一層約可覆蓋住草莓的鮮奶油。

14 第二層也如法製作後，將第3片海棉蛋糕疊在上面。

15 剩餘的鮮奶油倒在蛋糕中央，讓它流向側面，均勻地抹平表、側面。

16 最後從邊緣開始，將草莓如花瓣似地稍加重疊由外往內排列，就可以作出漂亮的裝飾。

16

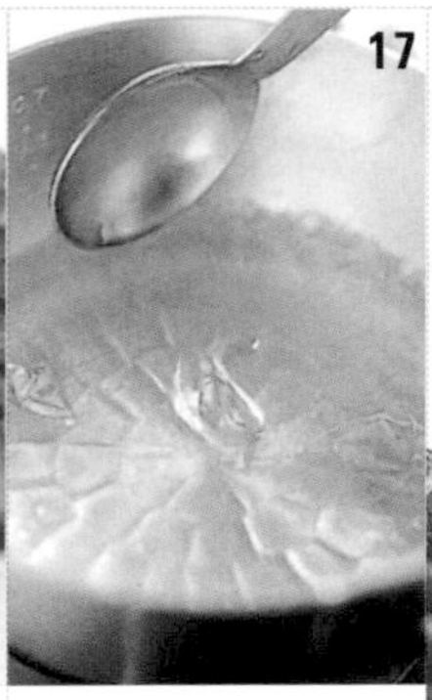
17

18

17 製作鏡面果膠。將果膠和熱開水放入小鍋，加熱溶解。

18 加入檸檬汁和櫻桃白蘭地酒調味，稍微冷卻後，在即將凝固前迅速地用湯匙淋在草莓上。如果是在家裡做，即使是省掉這道手續，也不會影響到它的美味！

tea **尼爾吉里紅茶**

〈nilgiri，印度紅茶的一種〉

這種紅茶泡好後，會呈現漂亮的鮮紅。加上它沒有特殊味道，容易入口而受到歡迎。將尼爾吉里紅茶和草莓夾心蛋糕搭配在一起，既可以形成色彩上強烈的輝映，也很能配合這種蛋糕優雅的味道。

看到派就令人不自主聯想到
吃它時所發出的啪啦啪啦碎裂聲。
只要做派時夠用心，它的美味就會因為
您的努力而更上一層。

我非常地喜歡派，甚至曾著迷到想開一家派專賣店的地步。發明派的人，真是太令人佩服了。「葛雷絲」的草莓派，只在草莓最鮮美的春季推出。這種有著鹹鹹的派皮，以及柔和的卡士達醬、酸酸甜甜的新鮮草莓和調味醬汁的派，讓人可以享受到融合了4種味道和口感的樂趣。

派皮的製作的確是有點麻煩。不過，派之所以會好吃，正是因為它是由有層次而鬆鬆脆脆的派皮所作成的。剛出爐的派其實就已經很可口，若是再加上草莓和鮮奶油，就更令人垂涎了。

不過，請您一定要試試看我所介紹的作法。因為，依照這個作法所做出來的草莓派，無論是素材之間的調和感或它的外觀，都非常地與衆不同！

strawberry pie

草莓派

tea 玫瑰工夫茶

strawberry pie

草莓派

材料（約1個直徑24cm派模的份量）

派皮

- 低筋麵粉—90g
- 高筋麵粉—45g
- 鹽—1/2小匙
- 無鹽奶油—90g
- 冷水—略多於60cc
- 擀麵用高筋麵粉—適量

卡士達醬

- 蛋黃—3個
- 細砂糖—45g
- 玉米粉—20g
- 牛奶—290cc
- 鮮奶油—30cc
- 細砂糖—略少於1小匙

裝飾

- 小顆草莓—2盒（去蒂約550g）
- 冷凍草莓醬（含糖市售品）—200g
- 冷凍覆盆子（無糖市售品）—120g
- 玉米粉—25g

細砂糖—50g

1

派皮

1 麵粉和鹽過篩放進塑膠袋。將充分冷藏過的奶油迅速切成約5mm塊狀，也放進袋中置冰箱冷藏。

2

2 待**1**的奶油冷藏變硬後，將袋中材料全部倒入淺盤。用切麵刀（或刀子）將奶油切碎成大豆顆粒般大小，再次放進冰箱冷藏。這樣做是為了要使接下來的步驟更容易進行。

3

4

3 將**2**移到容器，邊均勻加入40cc冷水，邊用大叉子來回拌勻。

4 以兩手邊前後晃動容器翻轉容器內的東西，邊用噴霧器將剩餘20cc冷水噴灑在**3**的表面上，使其整個變濕潤。

5

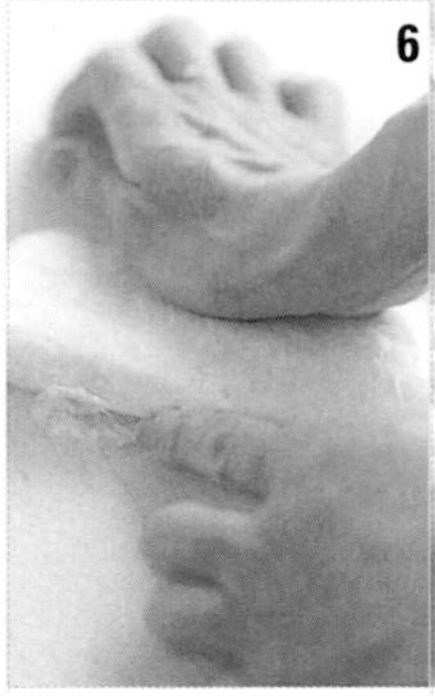

6

5 在寬20cm的塑膠袋內用噴霧器噴一點水，將**4**裝進去。

6 奶油粒均勻混合，並完全隔絕空氣後，緊壓成平整的長方型，靜置冰箱冷藏一夜。

7

7 切開塑膠袋，將麵團放在撒了高筋麵粉的平台，用擀麵棍將麵團慢慢擀開來，再摺疊成3層。以不同方向用擀麵棍再次將麵團擀開，再摺疊成3層，用保鮮膜包起來，放進冰箱最少冷藏1小時以上。

要做出夠脆的派皮，最重要的就是要將奶油充分地冷藏。

15

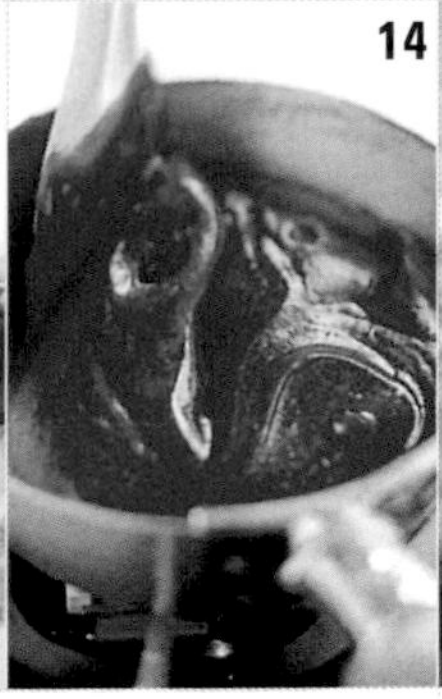
14

13

9

8

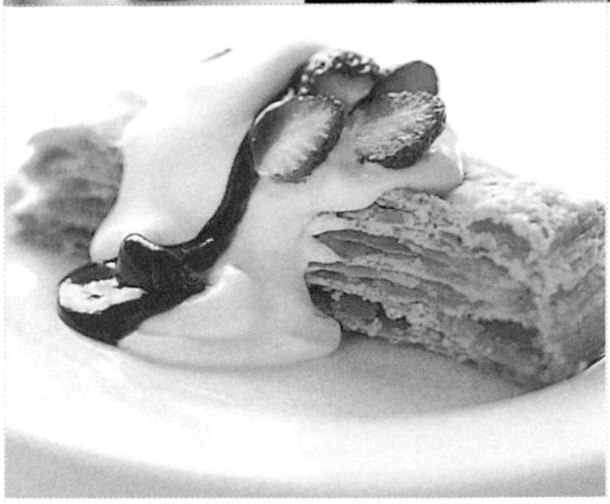
▲即使不用派模，也一樣可以烤派（參考72頁）。裝飾剛出爐的派也是一種樂趣喔！

裝飾

13 參考16頁製作卡士達醬。將卡士達醬鋪在冷卻的派皮上。

14 冷凍草莓醬和覆盆子解凍，加進玉米粉和細砂糖用果汁機攪拌。再放進鍋內，用木杓不斷摩擦鍋底，加熱至調味醬汁的顏色變深。

15 將**14**倒入容器中散熱。再一次倒入已去蒂的草莓，迅速地使其沾滿醬汁。再整齊鋪滿在**13**上完成裝飾。

8 派的麵團由冰箱取出，以不同方向擀開，摺疊成3層。再以不同方向擀開，摺疊成3層。（摺疊成3層的步驟共需4次）

9 最後放進冰箱冷藏2個鐘頭。麵團用擀麵棍慢慢擀開成約直徑25cm圓形，整個鋪在派模上。

10 切掉突出派模的部分，底部用叉子打些通氣孔。

11 在鋁箔紙上薄薄塗層沙拉油（份量外），將它緊貼在派的麵團上，用烤箱以210~220度烤12分鐘。

10

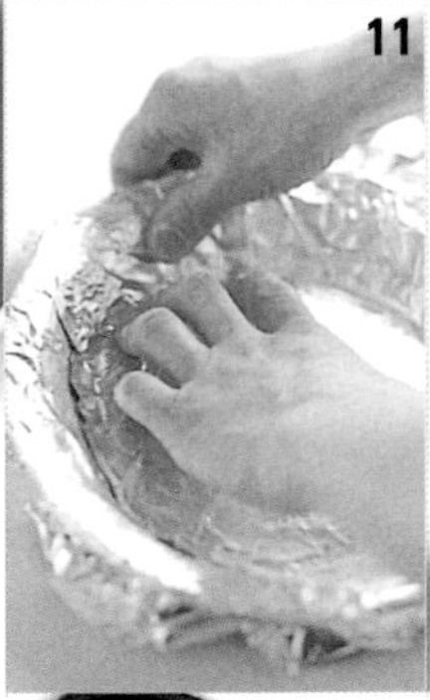
11

12

12 除去鋁箔紙，用叉子尖端放掉底部鼓起部分的空氣，並整理一下形狀。烤箱溫度降到160度繼續烤40~45分鐘，充分加熱到變成黃褐色。

tea **玫瑰工夫茶**

（rose congou，加味茶的一種）

茶如其名，有著玫瑰花高貴的香氣，嚐起來有著淡淡的甜味。草莓派則是融和了派、卡士達醬、草莓、調味醬汁，味美而優雅的點心。請您在草莓上市季節的午後，享受片刻優雅的時光！

grace's style
葛雷絲的獨家祕方

我所鑽研出的作法，
特別能展現草莓的酸甜味呢。
記得做好後先冷藏過再吃！

我有個姑媽是位美食家，在我年輕的時候，常常要我陪著她到處去品嚐美味。一天，在一家餐廳裡吃到了他們推出的春季點心－草莓巴伐利亞。布丁和巴伐利亞可以說是姑媽的最愛。這天，她似乎也是為了這道巴伐利亞而來的。只可惜，當時的我對於製作西點仍舊是一知半解，無法為她做她最愛的巴伐利亞。令人遺憾的是，這位姑媽等不及親眼目睹「葛雷絲」的開張，就在她60歲的那年，匆匆地撒手人寰了。

材料（約直徑21cm容器份量）

巴伐利亞
- 草莓—約2盒
- 檸檬汁—1大匙
- 蛋黃—2個
- 牛奶—150cc
- 吉利丁片—16g
- 細砂糖—85g
- 鮮奶油—150cc
- 蛋白—1/2個

鏡面果膠（可有可無）
- 水—200cc
- 果凍粉—1又1/2大匙
- 細砂糖—20g
- 檸檬汁—1大匙
- 櫻桃白蘭地酒—1大匙

調味醬汁（可有可無）
- 草莓—100g
- 糖粉—10g
- 檸檬汁—2/3大匙
- 櫻桃白蘭地酒—2/3小匙

f

作法

1 蛋白冷藏，吉利丁片用水（份量外）浸泡到膨脹。

2 草莓洗淨去蒂，準備400g的份量，加入檸檬汁用果汁機攪拌。

3 蛋黃放進小鍋裡，邊攪拌，邊將牛奶一點點地加進去。

4 擠出吉利丁的水分，和細砂糖一起放進鍋中用中火加熱。

5 用木杓不斷地來回磨擦鍋底，將吉利丁加熱到溶解(a)。請注意不要煮沸，以免蛋黃凝固。

6 將**5**用濾茶器或濾網過濾，倒進容器中。

7 待散熱後將**2**加進去充分混合，容器底部用冰水加以冷卻到整個變得濃稠。由於它會漸漸從底下開始凝固，所以必需常常用橡皮刮刀反覆拌合(b)。

8 利用這個空檔，將鮮奶油放入另一個容器，底部隔著冰水降溫，打發至八分(c)。

9 待**7**和**8**變得差不多濃稠時，將兩者混合在一起。

10 迅速地將蛋白打發至八分，倒入**9**中快速拌勻，再分別倒入玻璃容器(d)，並將表面整平。

11 剩餘的草莓全部切成圓片，排列在**10**表面上(e)。

鏡面果膠

12 鍋中放水加熱。煮沸後將充分混合過的果凍粉和細砂糖一次加進去，徹底溶解。

13 從爐火移開，邊加入調味用的檸檬汁和櫻桃白蘭地酒，邊攪拌冷卻至體溫般的溫度。

14 待冷卻變稠，倒在**11**表面，放進冰箱冷藏。

調味醬汁

15 所有的材料用果汁機打過，淋在冷藏過的巴伐利亞上(f)。

d

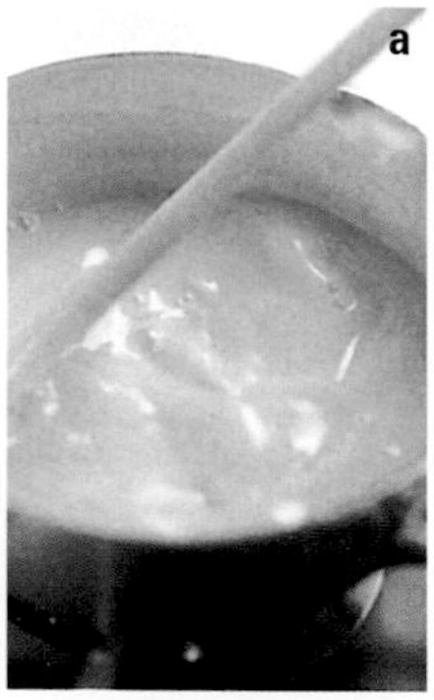
a

e

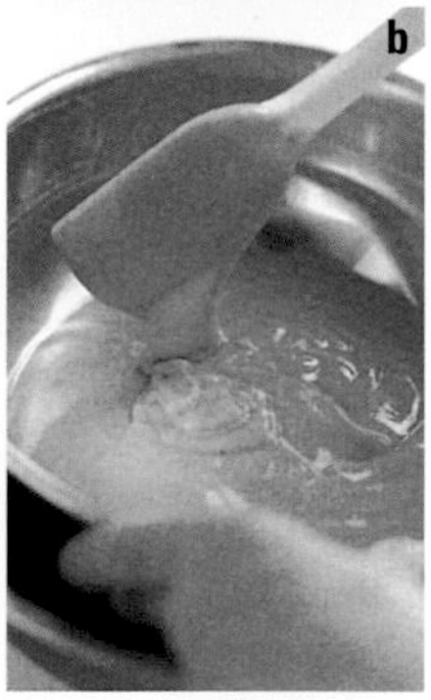
b

c

strawberry bavarian cream
草莓巴伐利亞

summer
夏

當「葛雷絲」的庭院裡，可以清楚看到沙羅雙樹的花從小樹叢的綠蔭中冒出來時，就是夏天已經來臨了。
為了配合夏季，我選擇了口感清爽的果凍和葡萄柚派來增添它的氣氛。

fruit jelly
水果凍

水果與水果間互相
蘊釀出來的原味，
全都被藏進果凍裡了。

當我在製作點心時，總是會用心地將各種素材的特性發揮到淋漓盡致。

無論是麵團、或是奶油、以及做點心時所使用的各種水果，我都會小心翼翼地處理，避免破壞了它本身所具有的特性。我想，若是無法發揮它們各自的特質，即使是用了這些素材，也毫無意義。

所以，在製作這道水果凍時，我特別研究了如何將哈蜜瓜淡淡的香甜和香橙的酸甜發揮出來。

為了襯托出這兩種水果，我還特地加了兩種利口酒呢！

還有，白色的醬汁很適合搭配這種果凍。要是加上它，就更完美了！所以，請您一定要試試看！

另外還有一點要特別注意的是，若想要做出吹彈可破的果凍，就非得用天然凝固劑不可。使用洋菜或吉利丁是無法達到預期效果的。

tea 荔枝茶

fruit jelly

水果凍

材料（約6個200cc布丁模的份量）

裝飾用寒天

- 水—150cc
- 寒天粉—1/2小匙
- 細砂糖—1大匙
- 咖啡利口酒—1大匙
- 石榴糖漿—2小匙
- 櫻桃白蘭地酒—2小匙

香橙—1～2個

哈蜜瓜（果肉為綠色的）—適量

果凍汁

- 果凍粉—5大匙
- 細砂糖—70g
- 水—600cc
- 檸檬皮—1個
- 檸檬汁—3大匙

調味醬汁

- 鮮奶油—100cc
- 可爾必思—1大匙
- 櫻桃白蘭地酒—1小匙

這種果凍的口感，主要是靠天然凝固劑（而非洋菜或吉利丁）作成的。

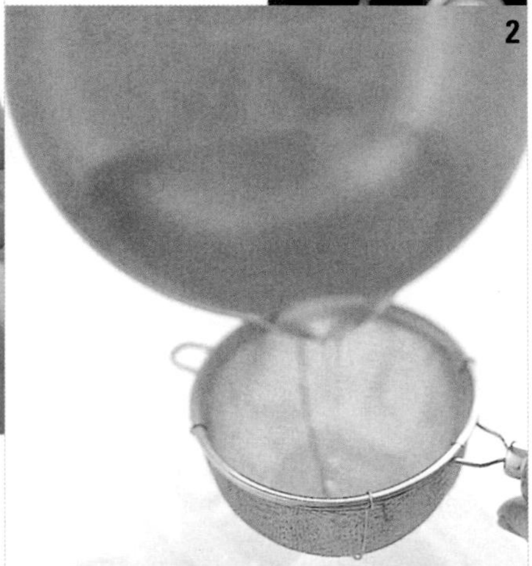

裝飾用寒天

1　水煮沸，加入洋菜粉、細砂糖使其溶解。

2　用濾茶器濾過，平均地分裝到2個容器中。

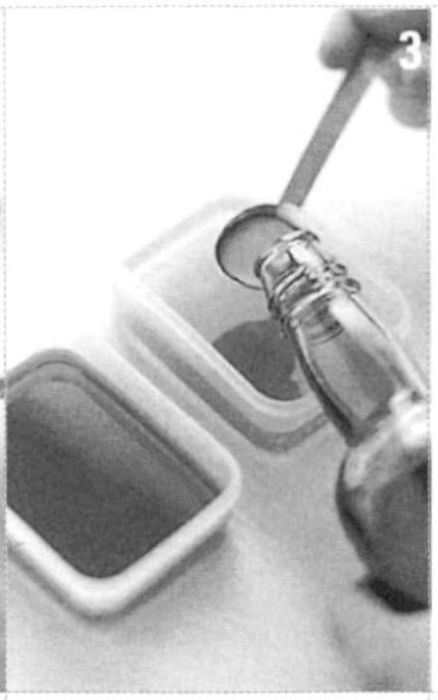

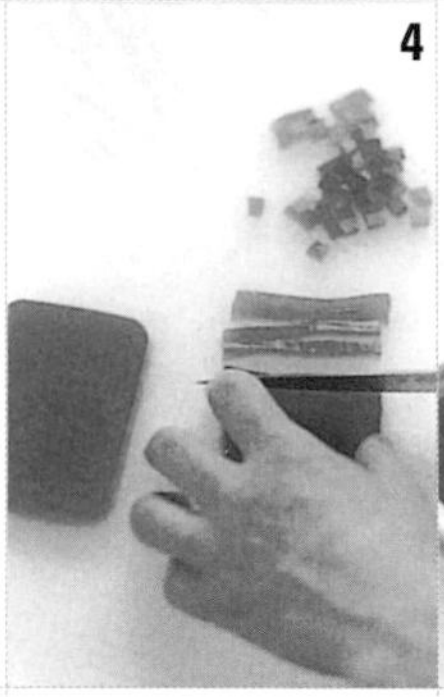

3　一個加入咖啡利口酒，另外一個加入石榴糖漿和櫻桃白蘭地酒，充分攪拌後放進冰箱冷藏。

4　待完全凝固從容器取出，切成約5mm大小塊狀。

果凍

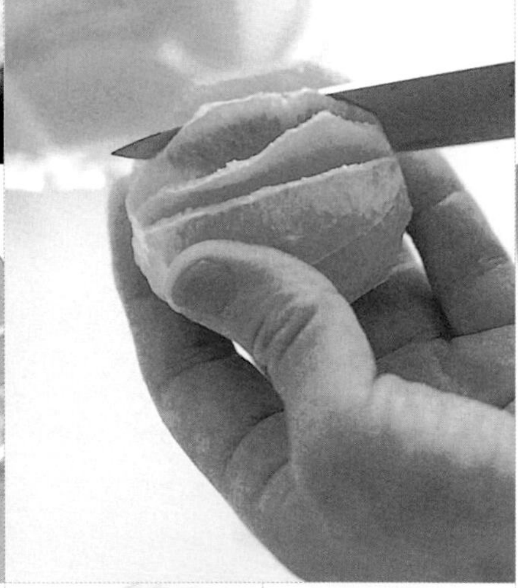

5　用刀子除去香橙的外皮和薄膜，切成約1cm大小塊狀。

6　除去哈蜜瓜的皮和籽，切成約1cm大小塊狀備用。

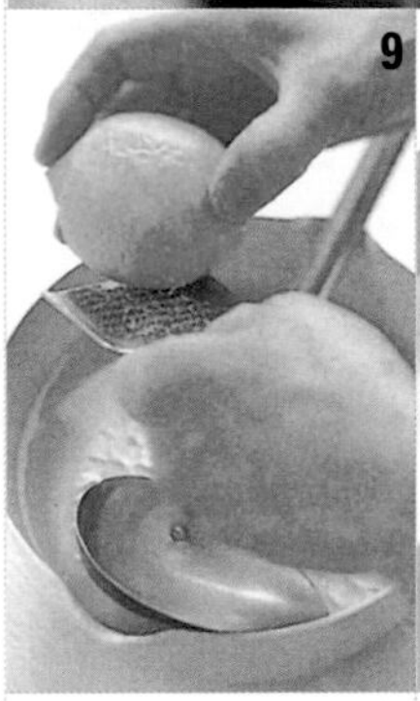

7　先將果凍粉和細砂糖充分混合備用。在鍋中放水加熱。煮沸後加入果凍粉，攪拌混合並使其溶解。

8　待果凍粉完全溶解後，即從爐火移開。

9　檸檬皮黃色的部分邊磨成屑，邊加入鍋中。待熱氣散去，加入檸檬汁攪拌混合。

15 待可爾必思的乳酸作用使鮮奶油開始凝固後，再加入櫻桃白蘭地酒混合。配合**13**的顏色漂亮地淋在上面。

10 布丁模排列在淺盤上，再將**5**、**6**以及裝飾用寒天分別一點點地裝進去。在淺盤中注入冰水冷卻。

11 將**9**倒進**10**直到可以掩蓋住配料。

12 待果凍漸漸從邊緣開始凝固，再加入配料倒進果凍汁。這樣做是為了使配料漂亮而均勻地分散開來，不至於全都浮在上面。

13 放進冰箱冷藏。待完全凝固，將刮刀插入布丁模和果凍之間，讓空氣跑進去，再倒扣取出果凍。

14 製作調味醬汁。將可爾必思加入鮮奶油，隔著冰水（或冰塊）降溫並輕輕攪拌。

tea 荔枝茶〈lai chee，加味茶的一種〉

水果凍在盛夏的陽光照射下，閃耀動人。尤其是水果、洋菜的色澤和口感，更是令人愛不釋手。

在汗流夾背的酷暑中品嚐這樣的果凍，還是搭配冰紅茶最好囉！

另外，荔枝茶的香味清清爽爽，用來做冰紅茶也很好喝！

味道清爽的葡萄柚
搭配酸酸的檸檬醬，竟然會如此地契合，
連我都大感訝異！

雖然葡萄柚一年四季都有，但是，初夏的葡萄柚卻較為多汁，酸度也恰到好處，特別好吃。我為了善加利用這個特質，而研製出這種西點。

「葛雷絲」的草莓花式蛋糕和派，分別是供應到5月上旬和中旬。推出這種葡萄柚派，主要是為了要銜接這兩種西點。不過，最多也只供應到6月底，也就是短短的初夏這段期間而已。另外就是6月中以後所產的葡萄柚味道較酸，以及天氣變熱後派皮就變得難以製作這兩種原因。因此，這種西點在夏季真正來臨時，就只能憑空想像而無法吃到了。您若是要在家裡做，我想3～4月或許是最適合的季節吧？

grapefruit pie

葡萄柚派

材料（約直徑24cm派模1個）

派皮（參考56頁）—1個

檸檬醬

- 細砂糖—100g
- 玉米粉—25g
- 蛋黃—3個
- 熱水—280cc
- 檸檬汁—2大匙

葡萄柚（紅色果肉的品種）—3個

鏡面果膠（可有可無）

- 果凍粉—略少於1大匙
- 細砂糖—30g
- 櫻桃白蘭地酒—2小匙

作法

檸檬醬

1 細砂糖和玉米粉放入容器，用網狀攪拌器攪拌。再加入蛋黃，充分研磨混合。

2 加入熱水充分溶解混合後，用濾茶器過濾倒入鍋中。

3 用中火加熱，同時不斷用木杓磨擦鍋底。待底部逐漸凝固，變稠後(a) 暫時從爐火移開，用攪拌器輕輕混合到變滑順。

4 再次用火加熱，徹底煮沸到發出咕嘟咕嘟聲。

5 從爐火移開，加入檸檬汁(b) 拌勻。鍋底隔著冰水（或冰塊）冷卻，並不時地翻轉攪拌讓它散熱(c)。

裝飾

6 趁檸檬醬還溫溫時，放在烤好並已變冷的派皮上，將表面整平讓它冷卻。

7 葡萄柚去掉薄膜，在派的表面由外到裡排成幾圈。即使是小地方，也要用竹籤把它整理得漂漂亮亮(d)。

8 剩餘的葡萄柚用榨汁器（或濾網），榨取120cc的葡萄柚汁(e)。

9 放進鍋中加熱，待煮沸放入混合好的果凍粉和細砂糖，充分溶解。

10 再加入櫻桃白蘭地酒，趁熱在葡萄柚上淋上薄薄一層(f)。

11 放進冰箱好好地冷藏。

creamy cheese cake

奶油乳酪蛋糕

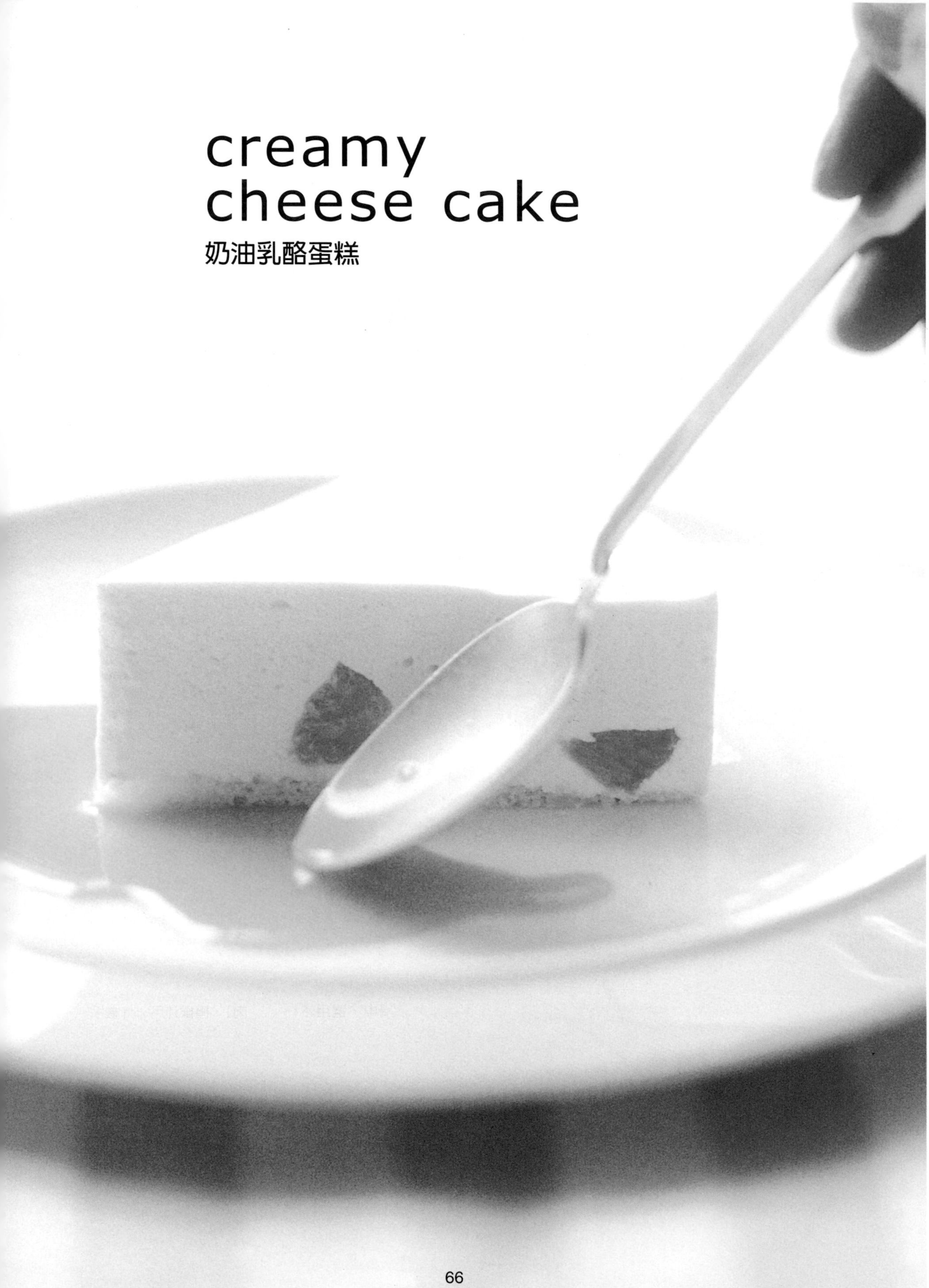

奶油乳酪蛋糕和烘烤過的烤乳酪蛋糕不同，是一種生的乳酪蛋糕。我想，在食慾不振的大熱天裡，或許客人會想吃到清涼入口即化的點心吧？就這樣，把它也加入了「葛雷絲」的陣容裡。
我覺得奶油乳酪蛋糕的味道可以變得如此清淡，是因為加入了酸奶油的緣故。
雖然大多數的人會在奶油乳酪蛋糕中加入藍莓，我加入的卻是帶著淡淡清香的香橙。

若只是要做來自己吃的話，即使沒有醬汁可用也無所謂，正好可以藉機品嚐它清淡的美味。不過，我把用醬汁調味視為是完成這種蛋糕的最後過程。或許您可以在宴客，或家族紀念日等日子裡，也試做一下醬汁吧。

柑橘酒讓乳酪蛋糕有大人的成熟味道。
先淋上香橙醬，是吃它時的一大訣竅！

a
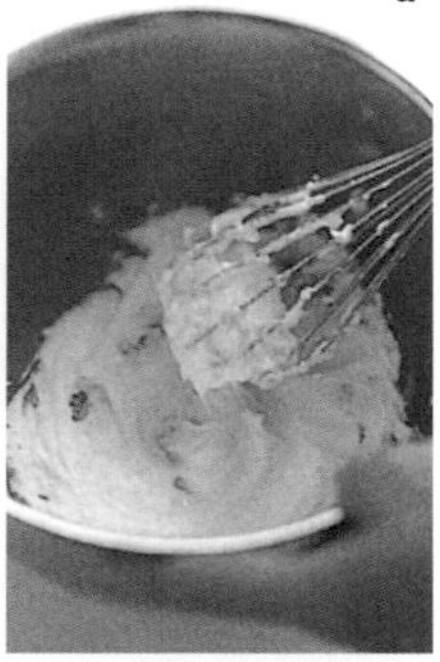
b
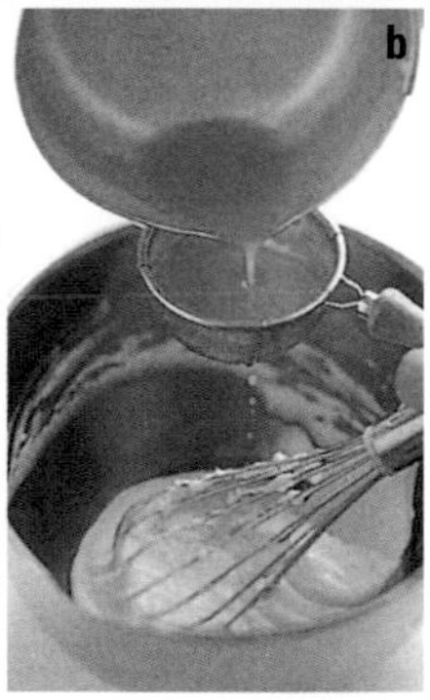
c

d
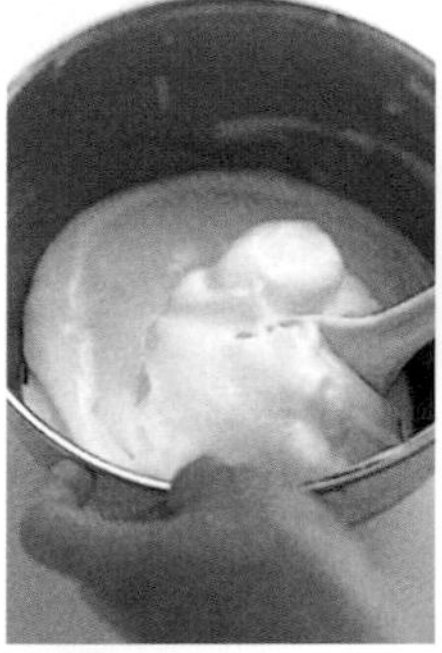
e
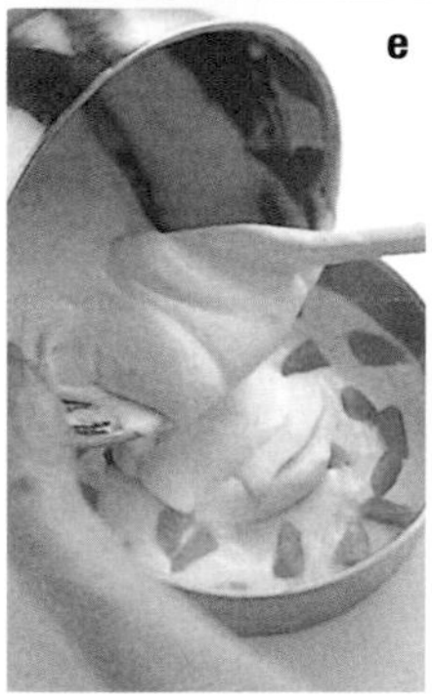
f

材料（約1個直徑21cm底部可拆式圓模的份量）
吉利丁片—13g
香橙—1～2個
奶油乳酪—200g
蛋黃—2個
水—60cc
細砂糖—45g
酸奶油—200g
香橙汁—160cc
檸檬汁—2大匙
柑橘酒（Grand Marnier）—1大匙
鮮奶油—70cc
蛋白—1個
香橙醬
- 吉利丁片—3g
- 香橙果肉—200g
- 柑橘罐頭（果肉）—80g
- 檸檬汁—1又1/2大匙
- 細砂糖—略多於1大匙
- 香橙精—2～3滴

作法

1 圓模放進冰箱冷藏。

2 吉利丁用水（份量外）浸泡到膨脹。

3 除去香橙的外皮和薄膜，切成約1～2cm大小塊狀。

4 奶油乳酪隔水加熱，或用微波爐稍稍加溫，用攪拌器輕拌到呈乳狀(a)。

5 蛋黃放入鍋中，邊用木杓攪拌，邊加水。擠出吉利丁的水分，和細砂糖一起放進鍋中以中火加熱。為了避免蛋黃凝固，請不要煮沸！

6 待**5**的吉利丁溶解後，用濾茶器邊過濾，邊倒入**4**中(b)再用網狀攪拌器混合。

7 酸奶油一次加入**6**中拌勻。

8 邊攪拌，邊依序加入香橙汁、檸檬汁和格蘭馬尼亞利口酒(c)，充分拌勻。

9 **8**的容器底部隔著冰水（或冰塊）冷卻。由於會從底部開始凝固，需不時用木杓翻轉攪拌。

10 利用這個空檔，將鮮奶油放入另一個容器，底部隔著冰水降溫，打發至約七分。

11 待**9**冷卻變得濃稠，再將**10**加入(d)快速拌合。迅速地將蛋白打發至九分，加入後同樣快速拌合。

12 將**11**約1/3量倒入冷藏過的圓模中整平。將**3**散佈在整個表面(e)，再將剩餘的**11**全部倒入。待表面整平，放進冰箱冷藏3～4個鐘頭，讓它冷卻凝固。

13 毛巾沾濕擰乾後放進塑膠袋內，用微波爐加熱製成熱毛巾。用熱毛巾圍住圓模幾秒鐘後(f)，將蛋糕從圓模中取出。

香橙醬

1 吉利丁用水（份量外）浸泡到膨脹。

2 香橙果肉、柑橘罐頭（果肉）、檸檬汁用果汁機攪拌。用濾茶器過濾後，將一半加入鍋裡。

3 鍋子加熱，加入已擠出水分的吉利丁和細砂糖。待溶解從爐火移開。

4 將**2**剩餘的一半加入，再加入香橙精，放進冰箱冷藏。

autumn

秋

當室外的沙羅雙樹葉片開始轉紅時，在「葛雷絲」的室內，秋的氣息也變濃了。
秋季的代表西點是栗子蛋糕。因為只能用生栗子做，所以，供應的時期真的很短。

只在栗子轉瞬即逝的上市季節中出現。
因為生栗的味道香濃，
才能賦予這道西點生命。

tea 祁門紅茶

我從小就很喜歡栗子。而且，最喜歡將水煮過，還冒著熱氣的栗子切成一半，用湯匙舀著吃這樣極為單純的吃法。父母常常笑我：「盤中的栗子殼堆成了一座小山呢！」為了將栗子特有的味道和芳香充分地發揮出來，去年起，我開始栗子蛋糕的製作。這道點心的麻煩之處，就在於必須剝殼。一到了秋季，店內的員工總是日復一日地為了剝栗子殼而忙得暈頭轉向。尤其是剝小顆的栗子皮（包括內皮）時，簡直是令他們欲哭無淚。不過即使是如此，大家還是會在一有空閒時，就默默地幫忙剝著栗子殼。

為何我如此地勞師動衆，堅持使用生栗子呢？主要是因為到目前為止，我還沒找到可以取代它的東西。為了講究美味，就算是會麻煩我也在所不惜。相反地，多花了一些工夫，卻無法在味道上反應出來的步驟，我也會儘量地省略掉。總之，追求美味，是我的堅持。

marron
栗子蛋糕

marron

栗子蛋糕

材料（約直徑21cm蛋糕的份量）

栗子醬和湯汁
- 生栗子—1kg
- 水—700cc
- 蘭姆酒—50～60cc
- 細砂糖—250g

底座薄餅（3片）
- 蛋黃—1個
- 牛奶—1大匙
- 細砂糖—70g
- 低筋麵粉—220g
- 鹽—少許
- 無鹽奶油—150g

夾層蛋糕
- 無鹽奶油—150g
- 栗子醬—270g
- 蘭姆酒—1大匙
- 全蛋—4個
- 細砂糖—150g
- 低筋麵粉—200g
- 泡打粉—1小匙

裝飾

擠花裝飾用栗子鮮奶油
- 鮮奶油—60cc
- 細砂糖—1大匙
- 蘭姆酒—1小匙
- 栗子醬—350g

打發鮮奶油
- 鮮奶油—150cc
- 細砂糖—1大匙

果露
- 栗子湯汁—40cc
- 蘭姆酒—1小匙

表層用栗子糊
- 栗子醬—30g
- 栗子湯汁—1大匙

▼只要將栗子醬加在香草冰淇淋上，就可以做成好吃的栗子香醍！

栗子醬和湯汁

1　栗子剝去外殼和內皮，用水（份量外）浸泡。若不好剝，可以將水加到蓋過栗子的高度水煮，就會變得很好剝！

2　水、蘭姆酒、細砂糖放入鍋中，**1**倒掉水後一起放入用大火煮。待有泡沫浮出水面，將它舀掉。

3　在臘紙中間打些洞，蓋在上面，再用小火煮約1小時。湯汁若是減少了，就再加些水進去，一直煮到湯汁剛好蓋過栗子的高度。充分加熱後，從爐火移開放一晚。

4　第二天，再加熱一次煮到沸騰。將其中的100g切塊，剩餘的用篩網濾成栗子醬。湯汁繼續熬煮到剩一半量為止。

底座薄餅

5　蛋黃放入容器，用牛奶攪拌後，加入細砂糖充分研磨拌合。低筋麵粉和鹽混合，篩入另一個容器，再放入冷藏過的奶油，用刮板（或切麵刀）切碎。

6　將**5**的蛋黃等混合物倒進去，充分拌合成麵團後用保鮮膜包起來，用冰箱冷藏2小時（如能放上一晚更好）。

7　將麵團擀成直徑21cm圓形。用叉子打一些通氣孔，放在鐵烤盤上，用烤箱以160度烘烤約20分鐘。

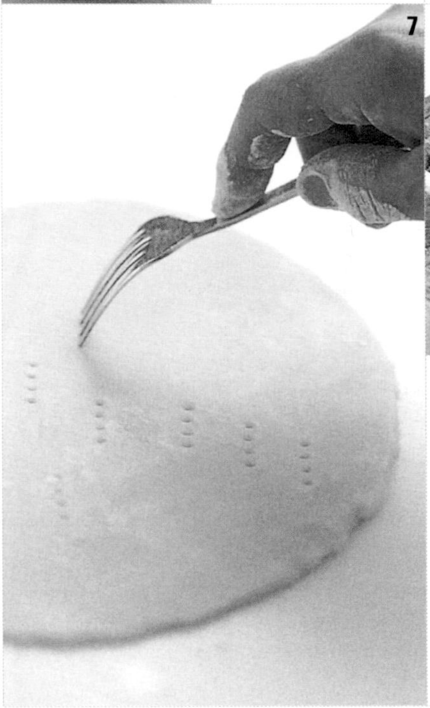

生栗子的皮雖然很難剝，為了做出好吃的栗子蛋糕，這道手續絕不能省！

17

15

16

裝飾

13 製作擠花用栗子鮮奶油。鮮奶油和細砂糖放入鍋中，煮沸後從爐火移開，加入蘭姆酒。與栗子醬混合，裝進已組裝好條狀擠花嘴的擠花袋中備用。

14 在冷卻的底座薄餅上塗抹上打發至九分的鮮奶油，再均勻地擺上約3/4已切塊的栗子。

15 剩餘的打發鮮奶油堆上去，鼓成一座小山。

16 在一片蛋糕的雙面用毛刷輕抹上一層果露後，緊貼在**15**上。然後在上面抹上表層用栗子糊。

17 最後用**13**擠出漂亮的形狀做裝飾。將剩餘的切塊栗子撒上去，就大功告成了。

9

8

11

10

tea **祁門紅茶**（keemun，中國茶的一種）

祁門紅茶不苦不澀，容易入口，用來搭配這種蛋糕，更可以突顯出它蘊含著生栗子質樸原味的高雅特質。

深褐色的祁門紅茶和栗子蛋糕的顏色配合得恰到好處，讓人感受到深秋的氣息。

＊若是使用冷凍的底座薄餅，不須解凍，直接拿來烘烤即可。栗子蛋糕的底座也可用橫切片的蛋糕替代，以節省一道手續。

13

14

夾層蛋糕（直徑21cm的圓形蛋糕）

8 奶油放在室溫下，用網狀攪拌器打成柔軟的乳狀。再加入栗子醬和蘭姆酒，攪拌到像美乃滋般細緻。

9 全蛋放入另一個容器，再放入細砂糖，邊用攪拌器不斷混合，邊用中火加熱至約體溫的程度。從爐火移開，用手拿式電動攪拌器打發至濃稠狀為止。

10 低筋麵粉和泡打粉混合後篩入**9**中，用橡皮刮刀迅速拌合。

11 將**8**和**10**混合後倒入模型，用烤箱以160度烘烤80分鐘。若是底部無法拆卸的模型，只要事先在底部和側面鋪上紙，烘烤後就可以漂亮地取出。

12 烤好後將蛋糕從模型中取出，待完全冷卻橫切成5片。放入冰箱冷凍可保存1個月。使用時記得要讓它自然解凍。

12

春季，我選擇草莓為代表性水果來製作各種點心，秋季時，則用西洋梨來做派。

最近，由於「法國原裝進口」的西洋梨大行其道，它的供應就不再受到生產期的限制。從前，因為日本國內的西洋梨生產期很短，能夠做這種派的期間也不可能太長。

由於西洋梨和葡萄酒的味道很合，所以，我用葡萄酒燉煮西洋梨來製作派。

「葛雷絲」的西洋梨點心吃法，是將卡士達醬和打發鮮奶油盛在派的碟子上，再放上糖煮西洋梨。

若是在家裡做，不妨再配上烤好的派皮一起享用。這樣一來，既可以在派皮剛出爐脆脆的時候就吃，還可以省掉其他麻煩，也不會影響到它的美味。

送禮的時候，何不試試看用「葛雷絲」的獨家秘方來做呢？

grace's style
葛雷絲的獨家祕方

pear pie

西洋梨派

材料（6人份）

派皮（邊長20cm方形的份量）
- 低筋麵粉—90g
- 高筋麵粉—45g
- 鹽—1/2小匙
- 無鹽奶油—90g
- 冷水—60cc
- 擀麵用高筋麵粉—適量

糖煮西洋梨
- 西洋梨—3～4個
- 水—200cc
- 細砂糖—150g
- 白葡萄酒（紅葡萄酒亦可）—200cc

卡士達醬（參考56頁）—400g

打發鮮奶油
- 鮮奶油—100cc
- 細砂糖—1/2小匙

作法

派皮

1～8請參考56頁**1～8**製作派皮。

9 派皮放進冰箱冷藏2個小時後，用擀麵棍擀成邊長20cm方形。

10 切成大小相同的2塊，用叉子打些通氣孔，放在鋪鋁箔紙的鐵烤盤上(a)。

11 用烤箱以210～220度烘烤12分鐘，用叉子尖端扎幾下讓空氣跑出來。調降溫度至160度，繼續烘烤40～45分鐘，取出冷卻(b)。

糖煮西洋梨

12 西洋梨縱切成兩半，削皮去核。

13 水和細砂糖放入鍋中煮開，再放入**12**燉煮到西洋梨變軟為止。

14 加入葡萄酒(c) 煮沸後，從爐火移開放置一晚。

裝飾

15 請參考第16頁製作卡士達醬。

16 容器底部隔著冰水降溫，將鮮奶油打發至七分。

17 卡士達醬、打發鮮奶油和糖煮西洋梨，配上烘烤好的派，一起擺在盤中(d)。

西洋梨派可說將西洋梨高雅的味道發揮到了極致。
因為只在西洋梨新鮮上市時才推出，
有的客人總是老早就在引頸盼望了呢！

winter

冬

「葛雷絲」的窗邊總是綻放著色彩繽紛的花卉，從不會在季節更替時失去了蹤影。
那是因為有我那西洋畫家的嫂嫂為我選擇花卉，每天澆水細心呵護的緣故。

apple sour cream cake

蘋果酸味蛋糕

秋意漸濃時，就是蘋果最好吃的季節到了。蘋果也是用來製作蛋糕的水果中，不可或缺的重要素材之一。雖然，蘋果酸味蛋糕只是一種在海棉蛋糕上添加酸奶油的單純組合，但是，加上蘋果後它就成為一道傑作了。

這種蛋糕無論是剛出爐熱騰騰的時候，或者是冷卻了以後，都很好吃。不過，若是放進冰箱冷藏，酸奶油就會使底部的蛋糕質地變硬，而破壞了它的風味。

所以，最好能夠將它放在室溫下，並在兩天之內就吃完。也可以依個人的喜好添加打發鮮奶油一起享用！

一般被認為最適合用來做蛋糕的蘋果品種是紅玉。不過，紅玉質地緊密且好吃的時期並不長。因為鬆軟的紅玉蘋果在煮過之後容易散掉，所以，我都選用富士蘋果。

富士蘋果若再加上檸檬汁增加它的酸味，不論是口感或味道，都會有令人意想不到的風味！

tea 大吉嶺紅茶

蘋果酸味蛋糕是一種味道高雅而純樸的西點。
蘊藏了酸奶油味道的組合，是這道蛋糕可以成為傑作的原因。

apple sour cream cake

蘋果酸味蛋糕

材料（約直徑22cm底部可拆式中空模）

燉蘋果

- 蘋果（富士）—3～4個
- 細砂糖—100g
- 水—100cc
- 檸檬汁—20cc

麵糊

- 蛋黃—5個
- 細砂糖—70g
- 酸奶油—100g
- 蛋白—5個
- 低筋麵粉—80g
- 麵包粉—適量

裝飾（可有可無）

蘋果白蘭地酒—略少於1大匙

4

7

8

燉過的蘋果即使是當做糖煮蘋果來吃也不錯，所以，您不妨多做一些。

1

2

3

燉蘋果

1　蘋果切成四等份，削皮去核，再各縱切成同樣大小的4片共16片。將全部蘋果片浸在鹽水（份量外）裡。

2　倒掉鹽水，將蘋果放進雙柄鍋，加入細砂糖和水，用大火加熱。不時翻轉鍋中的蘋果煮10～15分鐘。

3　當蘋果柔軟到可以被竹籤輕易貫穿時，就從爐火移開，均勻地加入檸檬汁後放著讓它冷卻。

麵糊

4　用濾網將蘋果撈起（湯汁留下備用），原先有皮的那面朝下，排列在模型中。待排列到緊密無空隙，用手掌將蘋果壓成斜躺。

5　麵包粉（或將蛋糕乾燥後磨成粉狀來使用）撒在上面。若是少了這樣東西，留在蘋果表面的湯汁就會影響到烘烤的結果。

5

6　蛋白放入容器，放進冰箱冷藏。蛋黃放入另一個容器，加入約50g的細砂糖，用手拿式電動攪拌器打發到變濃稠為止。

9

6

7　酸奶油加入**6**中拌合，注意不要讓它結成塊。

8　手拿式電動攪拌器的葉片洗淨擦乾後，將蛋白打發至五分。加入剩餘細砂糖，充分攪拌到可做出立角狀。

9　將**7**倒入**8**蓋在表面上，再用橡皮刮刀在不破壞泡沫的情況下迅速拌合。

13

11

10

10 拌匀後篩入低筋麵粉，用橡皮刮刀用力地將麵粉打散拌匀。

11 拌到看不到麵粉再倒入**5**裡，用烤箱以160度烘烤40分鐘，將溫度調降到150度，繼續烘烤10分鐘。

12

12 烤好後先放著讓它冷卻。待熱氣散去，將抹刀插入模型的側面隔開蛋糕脫模。

13 蘋果白蘭地酒倒入30cc的蘋果湯汁裡，用毛刷塗抹在蘋果表面。

※可依個人喜好添加打發鮮奶油一起吃。

tea **大吉嶺紅茶**（darjeeling，印度紅茶的一種）

這是一種味道清爽紮實，個性獨具的紅茶。蘋果酸味蛋糕在烘烤後，無論是蛋糕或蘋果都很柔軟好吃。而且，兩者的顏色也都很清淡，大吉嶺紅茶的味道實在，蘋果酸味蛋糕的味道優雅，是不是很相配呢？

蘋果白蘭地酒

蘋果白蘭地酒（法文calvados）是一種將法國產的發泡酒，蒸餾過所製成的天然白蘭地酒。因為它有著蘋果濃郁的香味，所以常被用來調味。

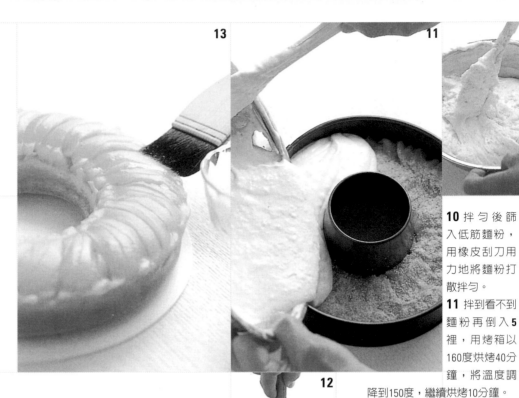

orange cake
香橙蛋糕

香橙蛋糕雖然很像磅蛋糕，
卻又隱藏著磅蛋糕所沒有的特殊風味。
那是因為它含有豐富的香橙汁在裡頭。

製作這種蛋糕的靈感，也是從巧克力蛋糕的那位義大利廚師得來的。

我聽說有人會在剛出爐的蛋糕淋上熱騰騰的果汁，就下定決心也要試試看。現在的作法是在我不斷地錯誤嘗試後才終於定案的。其實，我也曾經試過用剛榨好的鮮果汁來做，但若使用鮮果汁，就會因產季的不同而必須使用不同種類的柑橘，導致在味道上會有所差異。最後，終於研發出了現在的作法。

雖然一年四季都有產柑橘，其中美國黃橙比較適合，而廣柑因皮較硬，也不怎麼香，所以不適合用來做這種蛋糕。只要在美國黃橙盛產的季節裡多煮一些冰凍起來，就可以不受限制，隨時都可以做。在「葛雷絲」，我也是運用這樣的方式。

香橙蛋糕若是冷藏起來，就可以保存很久。所以，是種很受到歡迎的禮物！

tea 皇家奶茶

orange cake

香橙蛋糕

材料（約1個直徑21cm圓模的份量）

燉香橙
- 香橙—5個
- 細砂糖—250g
- 水—70cc

奶油蛋糕
- 馬琪琳（margarine）—225g
- 細砂糖—160g
- 全蛋—6個
- 杏仁粉—85g
- 低筋麵粉—200g
- 泡打粉—1小匙

裝飾
- 香橙汁（不含果粒100%原汁）—300cc
- 細砂糖—30g
- 格蘭馬尼亞利口酒—2大匙

1

2

3

燉香橙

1　香橙洗淨去蒂，橫切成7~8mm的圓片。

2　將香橙一片片交錯重疊放入鍋中，加入細砂糖和水。

3　在烘焙紙上打些洞，覆蓋在上面，用大火加熱。煮沸後調為小火，慢慢熬煮1小時~90分鐘。

4

4　熬到湯汁只剩下一點點時，放著讓它冷卻。開始製作蛋糕的麵糊前，用濾網濾掉湯汁備用。

奶油蛋糕

5

6
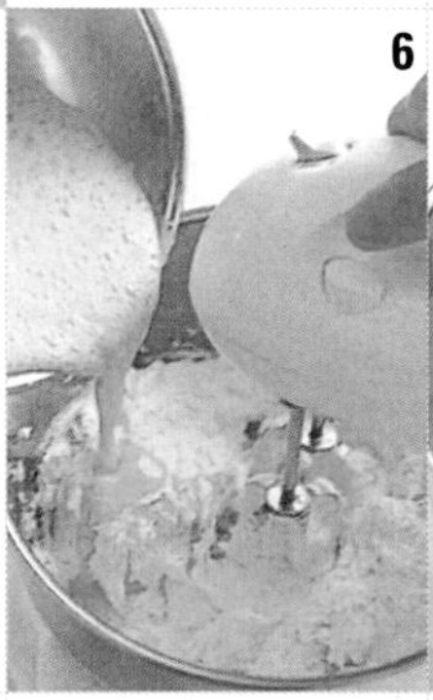

5　在模型的底部和側面都鋪上烘焙紙。將馬琪琳放入容器，用手拿式電動攪拌器攪拌成乳狀，加入細砂糖，攪拌到變得雪白而軟棉棉。

6　邊轉動著電動攪拌器，邊加入一半已攪開的蛋，充分拌合後將杏仁粉也加進去混合。

7

8

7　待那一半攪開的蛋充分混合好，就可以不用電動攪拌器了。

8　將一半的低筋麵粉和泡打粉篩入7裡，用橡皮刮刀迅速拌勻。

9　待看不到粉狀，將剩餘另一半攪開的蛋也加入混合，再篩入剩餘一半的低筋麵粉和泡打粉，攪拌到滑順出現光澤為止。

9

10
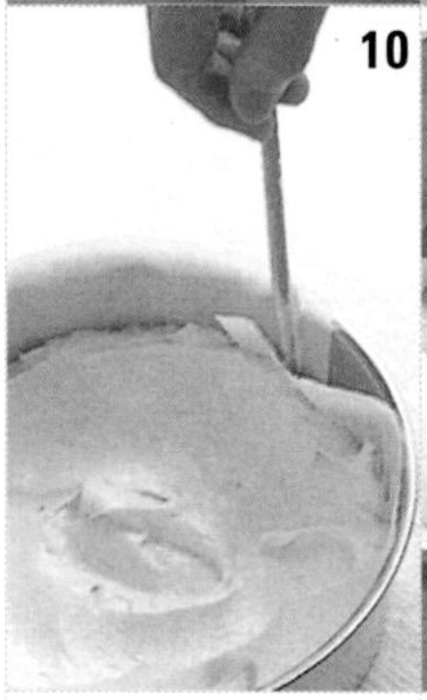

10　將1/3量麵糊倒入模型底部攤開。烘焙紙的接合處用筷子沾些麵糊當糨糊將它緊緊黏住。如此一來，蛋糕烤好後，將香橙汁淋上去也不會漏出烘焙紙外。

11　將4的香橙片不留縫隙地排列在10的表面上。若香橙片的殘留湯汁太多，請用廚房紙巾吸乾。

11

在剛出爐的香橙蛋糕
淋上足夠的香橙汁
讓它充分吸收，
是西點好吃的秘訣。

14

12

13

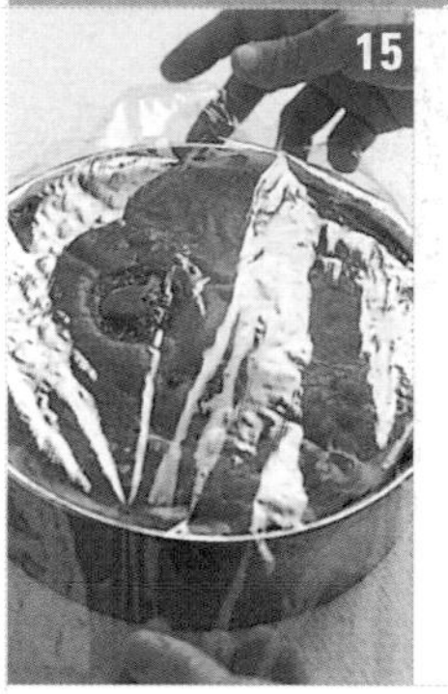

15

12 以麵糊、香橙片、麵糊的順序放入，疊成3層。

13 最後放上3～4片香橙作為裝飾，用烤箱以150度烘烤約90分鐘。

14 在即將烤好的前5分鐘，將香橙汁和細砂糖放入鍋中加熱。熱了以後，加入格蘭馬尼亞利口酒煮沸。再舀約一瓢熱騰騰的香橙汁淋在剛出爐的蛋糕上。待香橙汁幾乎被完全吸收後，再重覆幾次同樣的步驟，使香橙汁可以慢慢地入味。

15 待完全冷卻用保鮮膜包起來，放進冰箱冷藏一晚。

16 模型倒扣在砧板上，取出蛋糕後，再將砧板連同蛋糕整個翻轉過來。

16

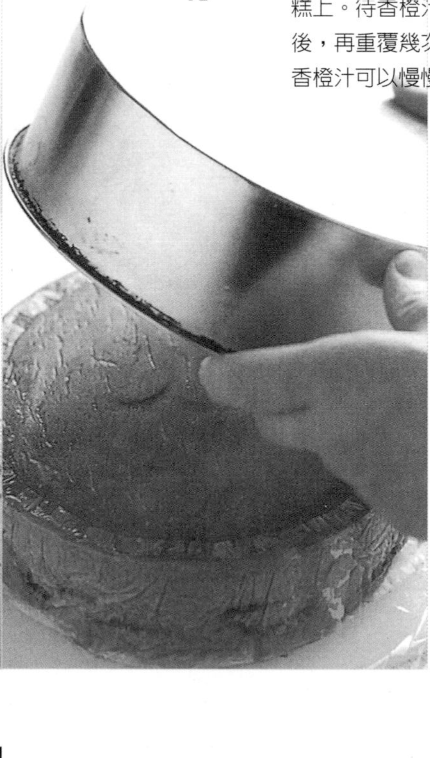

tea 皇家奶茶

皇家奶茶中和了牛奶和紅茶個別的濃郁味道。
香橙蛋糕的橙皮帶點苦澀，使它有著大人成熟的味道。
寒風蕭瑟的季節裡，在溫暖的房間裡享受這種紅茶和蛋糕，是最幸福的時刻。

part 5. 磅蛋糕 & 餅乾。

這兩把小菜刀歷史悠久，用到都變細了。雖然它磨了又磨，連鑲嵌在上面的字都快消失了，我還是對它們愛不釋手，無法割捨。

我最喜歡烘烤的點心了。
尤其是磅蛋糕與餅乾，做起來既方便，
又容易保存，送禮自用兩相宜！

我用烤箱做的第一樣點心，就是磅蛋糕。從此，我就愛上了烘烤點心。

「磅蛋糕」這個名稱是怎麼來的呢？那是因為在做這種點心的時候，會各用一磅的奶油、砂糖、蛋、麵粉的緣故。這是我從書上看到的，真的很有趣！看來，磅蛋糕的開山始祖還真大而化之！話又說回來，磅蛋糕雖然是由這四種素材做成的，卻都看不出他們的原貌，與其說是都完全走了樣，倒不如說是融和在一起，展現出全新的風貌。這或許也就是為什麼我會對烘烤點心如此著迷的原因吧？

其實，製作點心的基本材料並不多。主要是依照材料混合的比例、順序，烘烤溫度調節的不同，而像魔術般地變換出各式各樣鬆軟的海棉蛋糕、濕潤結實的磅蛋糕，或脆脆的餅乾。但是，在真實的製作過程中，並不完全能夠盡如人意。本以為出爐的時候會是鬆鬆軟軟的，等拿出來一看卻是塌塌的，希望吃到的是脆脆的，結果卻是硬梆梆的，失敗的例子可說是不勝枚舉。

即使到了現在，對於製作點心的種種，我不知道的事情還很多，但是，解開那些謎題已成了一種樂趣，讓我無法割捨。

在各式各樣的點心當中，磅蛋糕或餅乾可以保存得比較久，最適合用來送禮或當零嘴吃。製作方法上，也比之前為您介紹的任何一種點心容易得多，而且，都是我歷經多次失敗，對美味執著下所完成的嘔心瀝血之作。試試看吧！相信做出來的東西一定不會讓您失望！

不過，磅蛋糕的美味無法維續太久，並不適合作為商品，所以店裡目前並沒有販售。相反地，餅乾常常有人會買回家吃或拿來送禮，所以店裡還是有在販售。只不過，夏季並不供應。有些客人就是因為了解這個狀況，還會提早訂貨呢！

雖然我曾經使用過各式各樣的磅蛋糕模型，現在使用的是形狀較為細長的類型。照片中的模型是我在「葛雷絲」剛開店時用來製作深色水果蛋糕時用的。

citron pound cake
檸檬磅蛋糕

手工檸檬果皮蜜餞的清香，
讓磅蛋糕的味道變得更加優雅。

磅蛋糕是奶油蛋糕的基礎。您可以依個人的喜好來加入檸檬果皮蜜餞，也可以選擇乾燥水果或是柑橘果皮蜜餞。因為我自己很喜歡檸檬那種淡淡的苦味，所以，就為您介紹這種磅蛋糕，希望您也能試試看！

雖然在市面上也可以買得到檸檬果皮蜜餞，不過，我還是建議您「一定」要自己做喔！只要利用閒暇之餘多做一些冷凍保存，就可以分成好幾次來使用。

柑橘果皮蜜餞的作法和檸檬的作法大同小異，所以，您不妨也善加利用，不要白白浪費掉平常吃剩的柑橘皮！此外，柑橘果皮蜜餞的味道清爽可口，也很適合當做紅茶的茶點呢！

我做檸檬果皮蜜餞的方法和其他人不同，另外又加了杏仁粉，使它的味道更加豐富。

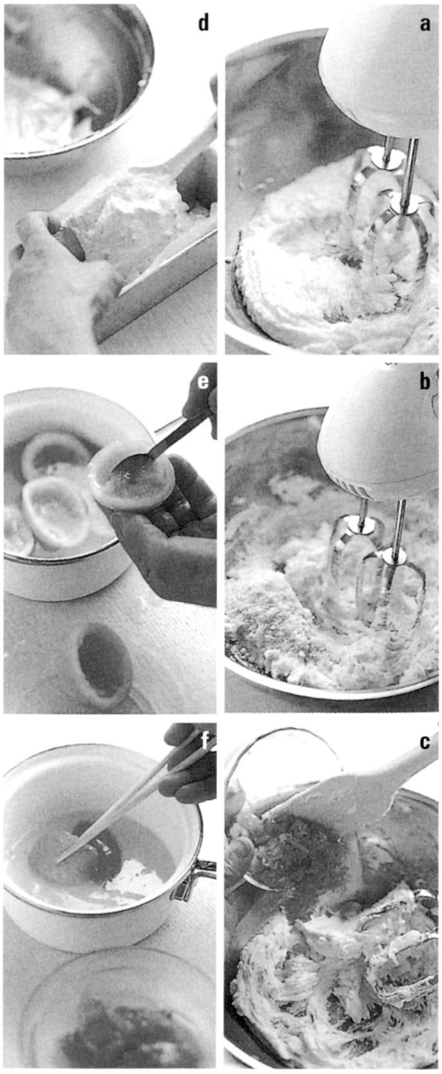

●本書中使用的烤模規格為8 x 19 x 7公分。

材料（約1個磅蛋糕模份量）
奶油—100g
細砂糖—65g
全蛋—2個
杏仁粉—40g
檸檬皮屑—1/2個
檸檬汁—1/2大匙
檸檬果皮蜜餞—90g
A ┌ 低筋麵粉—75g
  └ 泡打粉—1/2小匙

作法

1 在磅蛋糕模裡鋪上烘焙紙。

2 奶油放在室溫下軟化。再加入細砂糖，用手拿式電動攪拌器攪拌到成為雪白的絨毛狀(a)。

3 邊轉動攪拌器，邊打1個蛋下去，並加入杏仁粉充分混合(b)。

4 檸檬皮磨成泥屑後加進去，再依序加入檸檬汁，切碎的檸檬果皮蜜餞拌合(c)。

5 將**A**混合後篩入約1/3量拌合。再打1個蛋下去，待充分攪拌後就可以關掉攪拌器。

6 剩餘2/3的**A**篩入，用橡皮刮刀迅速攪拌到變得滑順而有光澤，倒入模型中(d)，用烤箱以160度烘烤45分鐘。

7 烤好後從烤箱取出，放著讓它冷卻。

檸檬果皮蜜餞

1 檸檬榨汁後，將剩下的皮用淡鹽水浸泡一晚。

2 倒掉鹽水，將檸檬皮放進裝滿了水的鍋子裡加熱。

3 煮沸後倒掉湯汁，再裝滿水繼續加熱。重覆3~4次這樣的步驟，一直到將檸檬皮煮成用筷子可以很容易穿過的柔軟度為止，再把火關掉。

4 檸檬皮浸在水中冷卻，並用湯匙除去薄膜(e)。

5 檸檬皮對切成兩半後，用廚房紙巾擦乾。

6 測量檸檬皮的重量，準備相同重量的細砂糖。將細砂糖和約細砂糖一半重量的水放入鍋中加熱。

7 煮沸後稍微熬煮一下，再將檸檬皮放進去。再次煮沸，把火關掉放著讓它冷卻。

8 待冷卻取出檸檬皮，繼續用微火稍微熬煮一下糖漿。關掉火再次將檸檬皮放進去(f)。

9 重覆幾次步驟，待糖漿變得像用水稀釋過的麥芽糖，裝進密閉容器中，放入冰箱冷藏。

10 檸檬皮取出後切細即可使用。

櫻桃乾奶油蛋糕裡不僅含有香醇的煉乳，
櫻桃乾的酸甜味更是令人讚嘆不已。

dry cherry butter cake

櫻桃乾奶油蛋糕

我曾經收到過人家從輕井澤帶回來當作禮物的櫻桃乾。因為它酸酸甜甜的，特別好吃，就在做蛋糕的時候放進去試試看。烤好後的奶油蛋糕真的很令我滿意。遺憾的是，後來卻再也找不到那麼好吃的櫻桃乾了。除了櫻桃乾之外，杏子乾也是很不錯的替代品！

若是用煉乳來替代砂糖，做出來的味道將不同凡響，特別地濕潤香醇呢！

材料（約1個磅蛋糕模份量）

櫻桃乾—80g
熱水—3大匙
細砂糖—1大匙
櫻桃利口酒—1大匙
奶油—80g
煉乳—150g
蛋黃—3個
杏仁粉—40g
A［低筋麵粉—80g／泡打粉—1小匙］
低筋麵粉—2小匙
蛋白—2個

作法

1 櫻桃乾、熱水、細砂糖、櫻桃利口酒放入鍋中加熱。

2 待櫻桃乾膨脹變軟後，用大火加熱將水份一下子蒸乾。再從爐火移開，放著讓它冷卻。

3 在磅蛋糕模中鋪上烘焙紙。

4 奶油放在室溫下，加入煉乳，用手拿式電動攪拌器攪拌到顏色變得雪白為止。

5 加入蛋黃充分攪拌後，再加入杏仁粉一起混合。然後，關掉攪拌器。

6 將**A**充分拌合後，篩入約一半的量，再用橡皮刮刀稍加拌合。

7 將**2**的櫻桃乾去掉水分，撒上2小匙低筋麵粉，加入**6**中。

8 篩入剩餘1/2的**A**，略微攪拌一下。

9 蛋白打發到有立角狀為止。再加入**8**中充分拌勻。

10 倒入**3**的模型，用烤箱以160度烘烤45分鐘。

11 烤好後從烤箱取出，放著讓它冷卻。

dark fruit cake

深色水果蛋糕

深色水果蛋糕乍看之下雖然毫不起眼，但是，它可是加了許多用洋酒醃漬過的各種水果和堅果烘製而成的豪華蛋糕！

我並不常用這樣的方法去做點心，但是，就因為使用了大量的洋酒來調味，使得深色水果蛋糕洋溢著成熟的味道。

這種蛋糕若是用鋁箔紙包好，放進冰箱冷藏的話，可以保存1個月。而且，它還會隨著時日的增加而變得更有味道。由於它的味道較為濃厚，請切成薄片和紅茶一起享用！

經過長期醃漬的乾果，讓蛋糕更加具有大人沉穩的韻味。

因為醃漬過的乾果，在室溫下可以保存1年左右，並且還會隨著時間而變得越來越好吃，所以，我總是做很多起來備用。若是醃漬的時間不長，我會濾掉湯汁再使用。

酒漬乾果

材料

A
- 葡萄乾—200g
- 白葡萄乾—200g
- 小無籽葡萄乾—125g
- 李子—125g
- 杏子—125g

B
- 紅葡萄酒—100～125cc
- 白蘭地—50cc
- 蘭姆酒—25cc

作法

1 李子、杏子等較大的水果切塊備用。

2 將**A**混合後，放入容器再撒上**B**拌匀。

3 放入密閉容器中時時攪拌，最少存放2天以上。

深色水果蛋糕

材料（約1個磅蛋糕模份量）

- 腰果—40g
- 帶皮杏仁—40g
- 核桃—40g
- 松仁—25g
- 奶油—75g
- 細的二砂糖（三溫糖）—50g
- 全蛋—2個
- 糖蜜—30g
- 低筋麵粉—90g
- 肉桂粉—1/2小匙
- 酒漬乾果—300g
- 柑橘果皮蜜餞（或檸檬果皮蜜餞）—75g
- 白蘭地—40cc
- 蘭姆酒—40cc

作法

1 將2個同樣大小的磅蛋糕模疊在一起，在上面的模型鋪上2層烘焙紙備用。

2 腰果和杏仁切成2～3塊，核桃切碎後加入松仁，稍加拌合備用。

3 奶油放在室溫下軟化。再篩入細的二砂糖，用手拿式電動攪拌器攪拌到變得軟綿綿的。

4 邊轉動攪拌器，邊打一個蛋進去。再加入糖蜜拌匀，篩入1/3量的低筋麵粉和肉桂粉。

5 將另一個蛋也打進去充分攪拌後，加入醃漬過的水果、柑橘果皮蜜餞充分拌匀。

6 剩餘2/3量的粉也篩入，用力攪拌。

7 將**2**加入拌匀後倒入模型。用橡皮刮刀將表面整平，放入烤箱以150度烘烤2小時。烘烤1小時後，蓋上鋁箔紙以防止燒焦。

8 烤好後混合白蘭地和蘭姆酒，趁熱均勻刷在整個蛋糕上，然後放著讓它冷卻。

9 待冷卻用鋁箔紙包好，放入冰箱冷藏。放幾天後，會因為入味了而變得更好吃！

banana & walnut cake
香蕉核桃蛋糕

材料（約1個磅蛋糕模的份量）

奶油—90g
細砂糖—80g
全蛋—1個
香蕉—1/2條
核桃—35g

A
- 低筋麵粉—130g
- 泡打粉—1/2小匙
- 蘇打粉—1/2小匙
- 鹽—1/4小匙

作法

1 將烘焙紙鋪在磅蛋糕模上。

2 奶油放在室溫下軟化。再加入細砂糖，用手拿式電動攪拌器攪拌到變成絨毛狀。

3 加入全蛋充分攪拌。依序加入搗碎的香蕉60cc和核桃，充分拌勻。

4 將**A**混合後篩入，用橡皮刮刀用力攪拌。

5 待呈現出漂亮的光澤後倒入模型，用烤箱以160度烘烤40分鐘。

6 烤好後放著讓它冷卻。

香蕉和核桃的組合，為這種蛋糕帶來了新鮮的味道。

香蕉的風味和核桃的口感，創造出了這種蛋糕的質感。我也常用這款蛋糕當做禮物饋贈親友，頗受好評。磅蛋糕的保存期限雖然比較久，但是，最好吃的時候還是在剛出爐後的2~3日間。若是想放得更久一點，建議您先切片後冷凍，想吃的時候再將要吃的份量解凍即可。

薑的辛香是種令人懷念的味道。
薑味蛋糕不僅是種下午茶的點心，
也很適合當早餐！

我是從一位旅英歸國的朋友那裡學會做薑味蛋糕的。由於黑砂糖、薑、肉桂的組合搭配得恰到好處，所以是種我非常喜愛的烘焙點心。

因為吃它時可依個人喜好塗上薄薄一層奶油，是否很容易讓人聯想到英國午茶的氣氛呢？

我也常常將它當做早餐吃。它和奶茶很相配，真不愧是英國的蛋糕！保存時請將它切成片，放入冰箱冷凍。

ginger cake
薑味蛋糕

材料（約1個磅蛋糕模的份量）

奶油—70g
黑糖—60g
蛋黃—2個
糖蜜—50g
A
- 低筋麵粉—100g
- 肉桂粉—1小匙
- 薑粉—1小匙
- 豆蔻粉—1撮
- 泡打粉—1/3小匙

牛奶—2大匙
蛋白—2個

作法

1 將烘焙紙鋪在模型上。
2 奶油放在室溫下軟化成乳狀。再篩入黑糖，用手拿式電動攪拌器攪拌到變成絨毛狀。
3 加入蛋黃、糖蜜充分拌勻後關掉攪拌器。
4 將**A**混合後篩入一半的量，用橡皮刮刀攪拌，再加入牛奶拌合。
5 將**A**剩餘的另一半也篩入迅速攪拌。
6 蛋白充分打發到有立角狀後，加入**5**中充分拌勻。
7 倒入**1**的模型，用烤箱以160度烘烤50分鐘。
8 烤好後放著讓它冷卻。

糖蜜
糖蜜（英文molasses）是種看似黑色蜂蜜的糖漿，有濃味和淡味兩種，可以在西點材料店買到。
我為了要做出薑味蛋糕甘甜濃郁的味道，都使用濃味的。

cookies

餅乾可以做起來放，
當作禮物也很適合喔！

無論是誰都可以做，失敗率也最低的點心，應該就是餅乾。「葛雷絲」的餅乾鬆鬆脆脆，尤其是剛出爐的口感特別好。從烤箱取出後，放在鐵烤盤上讓它冷卻，在恰當時候所吃到的那種美味，可以說是製作者所獨享的特權。

如果您是第一次做點心，建議您不妨先從挑戰餅乾開始做起。

cornflakes cookies
玉米脆片餅乾

玉米脆片餅乾就像是可以在
「大草原的小屋」裡嚐到的
樸實風味餅乾。
它就是種發揮了素材特性的
一種鄉村餅乾。

材料（約30塊的份量）
玉米脆片—17g
葡萄乾—25g
核桃—20g
奶油—20g
白油—20g
紅糖（Brown Sugar）—20g
細砂糖—1大匙
全蛋—1/2個
香草精—1滴
A ┌ 低筋麵粉—55g
　│ 泡打粉—1/4小匙
　└ 蘇打粉—1/4小匙
裝飾用玉米脆片—適量

作法

1 玉米脆片裝進厚塑膠袋裡，用擀麵棍敲打成粉狀，葡萄乾和核桃切碎備用。

2 奶油、白油放在室溫下恢復成柔軟後，加入紅糖、細砂糖輕拌打發至絨毛狀。

3 再加入全蛋充分拌合。依序將**1**的葡萄乾、核桃、玉米脆片和香草精加入拌勻。

4 將**A**混合後篩入，用橡皮刮刀用力攪拌成麵團。

5 再用保鮮膜包起來，放入冰箱冷藏約1～2小時。

6 用小匙將麵團均分成小團，用指尖將裝飾用玉米脆片輕輕捻碎，撒在所有小麵團上。

7 用手掌將小麵團壓平成圓形，排列在鋪有烤盤紙的鐵烤盤上，用烤箱以145度烘烤約16分鐘。

chocolate cookies
巧克力餅乾

巧克力餅乾因為融合了燕麥片的口感和巧克力的芳香而更加地有味道。

巧克力餅乾

材料（約30塊的份量）

苦甜巧克力—70g

奶油—45g

細砂糖—50g

全蛋—1/2個

香草精—1滴

燕麥片—35g

A ┌低筋麵粉—50g
　 └泡打粉—2撮

裝飾用燕麥片—適量

作法

1 苦甜巧克力隔水加熱融化。

2 奶油放在室溫下恢復成柔軟後，加入細砂糖輕拌打發。

3 再加入全蛋充分拌合。依序將香草精和**1**的巧克力、燕麥片加入拌勻。

4 將**A**混合後篩入，用橡皮刮刀用力攪拌成麵團，用保鮮膜包起來，放入冰箱冷藏約1～2小時。

5 用小匙將麵團均分成小團，表面撒上用研磨器磨過弄碎的燕麥片。

6 用手掌將小麵團壓平成圓形，排列在鋪有烤盤紙的鐵烤盤上，用烤箱以155度烘烤約17～18分鐘。

peanut cookies
花生餅乾

每當烘烤花生餅乾，
整個屋子
總會瀰漫在花生的芳香裡。

花生餅乾

材料（約40塊的份量）

奶油—60g

花生醬—60g

細的二砂糖（三溫糖）—70g

全蛋—1/2個

A ┌低筋麵粉—120g
　 │泡打粉—1/4小匙
　 └蘇打粉—1/4小匙

作法

1 奶油、花生醬放在室溫下恢復成柔軟後，篩入細的二砂糖輕拌打發。

2 加入全蛋充分拌合，將**A**混合後篩入。

3 用力充分拌勻成麵團。

4 用保鮮膜包起來，放入冰箱冷藏約1～2小時。

5 用小匙將麵團均分成小團後揉成球狀，再用手掌輕輕將小麵團壓平，排列在鋪有烤盤紙的鐵烤盤上，用叉子前端在表面押成格子紋，再用烤箱以155度烘烤約16分鐘。

chocolate chip cookies
巧克力脆粒餅乾

巧克力脆粒的滋味和芳香在口中化開來，
看起來比外表更為香濃可口。

材料（約35塊的份量）
苦甜巧克力—50g
奶油—30g
白油—30g
糖粉—25g
細砂糖—1大匙
全蛋—1/2個
A
- 小麥粉—50g
- 低筋麵粉—50g
- 泡打粉—1/2小匙
- 蘇打粉—1/3小匙
- 鹽—1小撮

作法
1 苦甜巧克力切碎。
2 奶油放在室溫下恢復成柔軟，和白油拌合。
3 加入糖粉、細砂糖輕拌打發。
4 再加入全蛋和**1**充分拌合。
5 將**A**篩入，用橡皮刮刀用力攪拌成麵團，用保鮮膜包起來，放置約1～2小時。
6 用小匙將麵團均分成小團後揉成圓團，再用手掌壓平，排列在鋪有烤盤紙的鐵烤盤上，再用烤箱以155度烘烤約16～17分鐘。

almond cookies
杏仁餅乾

一咬即碎的口感使它成為
搶手的超人氣餅乾。

杏仁餅乾
材料（約30塊的份量）
生的帶皮杏仁—60g
奶油—75g
細砂糖—35g
鹽—1小撮
低筋麵粉—90g
作法

1 杏仁攤在鐵烤盤上，用烤箱以150度烘烤20分鐘。待冷卻，用食物調理機打碎或用菜刀切碎。

2 奶油放在室溫下恢復成柔軟後，加入細砂糖輕拌打發。

3 鹽和**1**的杏仁加入混合。

4 低筋麵粉篩入，用橡皮刮刀用力攪拌成麵團。

5 用保鮮膜包起來，放入冰箱冷藏約1～2小時。

6 用小匙將麵團均分成小團後揉成球狀，排列在鋪有鋁箔紙的鐵烤盤上，用烤箱以155度烘烤約20分鐘。

walnut cookies
核桃餅乾

帶有核桃的香味和特殊的口感，
是一種充滿大人成熟味的餅乾。

材料（約30塊的份量）
核桃—35g
奶油—50g
細砂糖—40g
全蛋—1/2個
帶皮杏仁粉—35g
高筋麵粉—50g
作法

1 核桃切碎備用。

2 奶油放在室溫下恢復成柔軟後，加入細砂糖輕拌打發。

3 再加入全蛋充分拌合。依序將杏仁粉，和**1**的核桃加入拌合。

4 高筋麵粉篩入，用橡皮刮刀用力攪拌成麵團。

5 麵團倒入鋪保鮮膜的方形容器裡，整平後包起來。放入冰箱冷藏約1～2小時後，再放入冷凍庫冰凍。

6 麵團切成寬3.5cm長條狀，再切成3mm薄片，排列在鋪有烤盤紙的鐵烤盤上，用烤箱以155度烘烤約17分鐘。

coconut cookies
椰子餅乾

富含有大量椰子的餅乾，
鄭重推薦給椰子的愛好者。

椰子餅乾
材料（約40塊的份量）
奶油—50g
細砂糖—40g
蛋白—1/2個
椰子粉—25g
低筋麵粉—60g
作法
1 奶油放在室溫下恢復成柔軟後，加入細砂糖輕拌打發。
2 蛋白放入乾淨的容器，充分打發至有立角狀後，加入**1**混合。
3 椰子粉加入拌合。
4 篩入低筋麵粉，用橡皮刮刀用力拌成麵團。
5 麵團放在攤開的保鮮膜上，揉成棒狀後用保鮮膜包起來，捏成約直徑3cm圓柱狀，放入冰箱冷藏約1～2小時後，再放入冷凍庫冰凍。
6 除去保鮮膜切成2mm薄片，排列在鋪有烤盤紙的鐵烤盤上，用烤箱以155度烘烤約15分鐘。

芝麻燕麥餅乾
材料（約30塊的份量）
奶油—60g
細的二砂糖（三溫糖）—35g
水—1大匙
燕麥—40g
磨過的白芝麻—13g
炒熟的黑芝麻—7g
A ┌ 高筋麵粉—45g
　 └ 泡打粉—1/2小匙
作法
1 奶油放在室溫下恢復成柔軟後，加入細的二砂糖輕拌打發。
2 加入水充分拌合，再加入燕麥。
3 加入磨過的白芝麻、炒熟的黑芝麻拌合。
4 將**A**混合後篩入，用橡皮刮刀用力拌成麵團。
5 麵團放在攤開的保鮮膜上，揉成棒狀後用保鮮膜包起來，形成約直徑3cm圓柱狀，放入冰箱冷藏約1～2小時，再放入冷凍庫冰凍。
6 除去保鮮膜切成3mm薄片，排列在鋪有烤盤紙的鐵烤盤上，用烤箱以155度烘烤約20分鐘。

sesame & oatmeal cookies
芝麻燕麥餅乾

芝麻燕麥餅乾鬆脆輕巧，
芝麻的芳香讓人無法言喻。

樋口浩子（Higuchi Hiroko）

1947年生於東京。
曾任阿帕雷爾製造社社長祕書等職，
並於東京製菓學校的西點課中習得點心製作的基礎。
自學並嘗試各式各樣點心的製作方法。
於1984年開設了「葛雷絲」至今。
店名葛雷絲Grace取意於「神的恩惠」。
葡萄樹的圖案是以新約聖經約翰福音第15章第5節為題所繪。

Grace
東京都杉並區西荻南 3-16-6
電話 03-3331-8108
營業時間 AM11:00~PM21:00
公休 每週日〈國定假日照常營業〉

感言

從未料到我能以一個外行人的身分來經營茶和點心的專賣店，甚至在15年後將經驗匯集成這樣的一本書。

「真好吃！」這麼一句來自許多客人的讚美，成為我15年來製作點心的最大精神支柱。

由於西荻窪當地的風氣所致，常常造訪葛雷絲，喜愛這家店以及這裡蛋糕的來客，多半也都是當地的居民。其中，甚至有人自開店以來從未間斷過呢！

葛雷絲的每一位工作人員，都帶給我各種不同的回憶。同住在一個屋簷下的兄嫂，從店的經營方式，到如何做室內裝璜、對味道的批評和指教、甚至在育兒上，都給予了我最大的協助。

另外，我還要特別感謝幫助葛雷絲成長茁壯的許許多多人。

我是在一個不好吃甜食，也不太能喝酒的家庭長大。然而，由於母親喜愛烹調，全家又都對美食情有獨鍾，我也就耳濡目染地體驗到了做菜的樂趣。當我還小的時候，食物的供應並不像現在這麼地充裕，以致加深了我對美食的嚮往與好奇，並且立志將來要從事相關性質的工作。回想起來，或許就是這樣的念頭，促使了我經營這家店。

出版這本書時，受到很多人在攝影、造型、設計、編集等各方面的協助與關照。

還有葛雷絲的蛋糕愛好者，非常感謝各位的愛護與支持。

另外，也要謝謝買了這本書的讀者，雖然我這個作者這麼的沒沒無聞。如果我的獨家秘方能夠讓大家做出好吃的點心，那將會成為我最大的喜悅。

Joy Cooking
歡迎進入Grace西點紅茶時間
作者 / 樋口浩子
翻譯 / 呂怡佳
出版者 / 出版菊文化事業有限公司
P.C. Publishing Co.
發行人 趙天德
總編輯 車東蔚
文案編輯 編輯部
美術編輯 R.C. Work Shop
台北市雨聲街77號1樓
TEL：(02)2838-7996 FAX：(02)2836-0028
法律顧問 劉陽明律師 名陽法律事務所
增修初版日期 2010年7月
定價 新台幣 260元
ISBN-13：9789866210006
書 號 J82

讀者專線 / (02)2872-8323
www.ecook.com.tw
E-mail / tkpbhing@ms27.hinet.net
劃撥帳號 / 19260956大境文化事業有限公司

國家圖書館出版品預行編目資料

歡迎進入Grace西點紅茶時間
樋口浩子 著；--增修初版.--臺北市
出版菊，2010[民99] 96面；19×26公分.
(Joy Cooking系列；82) ISBN 9789866210006
1.點心食譜 2. 飲料 3. 茶
427.16 99009189